# 邂逅文艺的

## 多肉植物志

DuoRou Zh...

编著◎慢生活工坊

電子工業出版社
**Publishing House of Electronics Industry**
北京·BEIJING

U0243858

**图书在版编目（CIP）数据**

邂逅文艺的多肉植物志 / 慢生活工坊编著. -- 北京 :电子工业出版社，2015.1

ISBN 978-7-121-24542-8

Ⅰ．①邂… Ⅱ．①慢… Ⅲ．①多浆植物－植物志Ⅳ．①S682.33

中国版本图书馆CIP数据核字(2014)第243541号

责任编辑：于　兰

特约编辑：梁卫红

印　　刷：中国电影出版社印刷厂

装　　订：中国电影出版社印刷厂

出版发行：电子工业出版社

　　　　　北京市海淀区万寿路173信箱　　　　邮　　编：100036

开　　本：720×1000　　　　1/16　　　　印　　张：10　　　　字　　数：224千字

版　　次：2015年1月第1版

印　　次：2015年1月第1次印刷

定　　价：39.80元

# Preface / 前 言

　　多肉植物是一种非常特殊的植物。说它特殊，是因为它只是植物营养器官的某一部分，如茎、叶或根，因具有发达的薄壁组织贮藏水分而在外形上显得肥厚多汁。多肉植物品种多样，外形独特。近年来，多肉植物凭借着萌萌可爱的外表赢得了广大肉肉迷的心。一股强大的"多肉风"迅速席卷了各大都市，并逐渐融入到一些人的日常生活中。

　　随着"多肉风"的吹起，多肉越来越被人们所喜爱，玩多肉的人也越来越多。在日常生活中，买一盆多肉玩赏，已然成为一种引领时尚的潮流。多肉植物萌茁可爱，总是给人一种很文艺的范儿。和多肉相处，总是那样优雅与闲适。在这个多肉风靡的时代，如果邂逅这些文艺的多肉植物却不懂得如何玩赏它们，岂不是一件憾事？

　　《邂逅文艺的多肉植物志》一书则可以为你解决这个问题。本书有三大特点：其一，本书开篇将会介绍几位当下最为有名的多肉达人，与读者一起分享他们对多肉的心得及由他们亲手设计的多肉创意作品，为读者迈向多肉达人行列开启第一扇大门。其二，本书第二部分收容了数百种常见的多肉植物，且图文并茂地加以呈现，让你在邂逅这些文艺的多肉时更加胸有成竹。其三，当下最为流行的多肉 DIY 也将在本书中呈现。本书作者精心为读者设计了几十种多肉 DIY 实例，每一种 DIY 都别出心裁，新奇独特，使读者可以在欣赏的同时从中得到启发，进行自己的作品设计，在设计中享受多肉带来的无穷乐趣。

慢生活工坊

2014 年 10 月

# Contents
# 目录

CHAPTER **1**

## 多肉达人秀
## 创意多肉混栽集锦

# CHAPTER 2

## "邂逅"从了解开始
## 常见文艺多肉小集

# CHAPTER 3

## 完美"邂逅" 在混栽中开始

多肉植物首次使用说明

养护咨询
新浪微博：钱粮胡同58号植物店
微信/电话：18618324726

你可以 you can

开心地与肉肉合影，发微博，或发朋友圈。（新浪微博@钱粮胡同58号植物店）

把长大了的肉植分株或砍头，然后送给朋友。

用闲置的化妆刷或小毛笔轻轻扫去肉肉上的土和灰尘。

把肉肉与淘气的小盆友隔离开养植。

你必须 You must

每日要保证肉肉有至少两小时的日晒，普通的灯光无法保证它的健康哦。

每十天左右用挤水壶给肉肉浇一次水，注意不要浇到植物表面。

没有底孔的盆器，浇水量要控制在盆器的1/4。

1/4

冬季的温度要要控制在0摄氏度以上。夏季超过30度，要主意遮阳通风。

你不能 You can't

不要给肉肉的表面频繁补水，尤其是不要在阳光下喷水。

也不要捏啄、划破肉肉的皮肤。

不要用炉火熏烫，或用暖气烘肉植。

把持自己，大多数肉植不能食用哦！

# CHAPTER 1
## 多肉达人秀
## 创意多肉混栽集锦

多肉植物总给人萌萌的感觉，深受人们喜爱。还不了解多肉及混栽？没关系，先看看多肉达人与他们的创意多肉。本章里的三位多肉达人将同我们分享他们与多肉植物的情缘以及自创的混栽多肉。先跟随他们去领略一下多肉世界的奇妙吧！

# 钱粮胡同植物馆

## 植物、艺术与生活的和谐统一

　　狄与菲是一家小植物店的老板。接触到多肉植物后，她开了一家属于自己的小小植物店。徜徉在多肉植物的海洋中，她感受到了无穷的乐趣。心怀梦想的她在经营中不断寻求创新，希望能够实现植物、艺术与生活的和谐统一。

## 达人专访

**Q** 您是从什么时候开始接触多肉植物的？觉得它们好养吗？

**A** 我真正接触多肉植物是在2009年。有一次我无意间看到了它们，觉得它们像雕塑一样，没有生命，一直不变。后来养了才知道这些可爱的植物不仅有生命，而且生命力旺盛，很好养。听说这些植物被称为"懒人植物"，我觉得很适合我养，因为我是一个比较懒的人。

**Q** 喜欢这些"萌萌"的植物，买一些来养就可以了，但您为什么要开这样一个植物店呢？

**A** 这是我的梦想。我想许多女孩都有过开个属于自己的小店的梦想，我就其中一个。我以前做设计师的工作，但觉得不开心，不是自己想要的生活。而且我是一个说做就做的人，有了想法之后，虽然没有什么钱，但依然辞了工作去做。我认为有梦想就要去追求，不管时机成不成熟。

**Q** 您认为您的植物店最大的特色和吸引力是什么？

**A** 其实多肉植物的种植方法都差不多，关键在于种植的乐趣和意义。我也看过其他一些实体店的情况，觉得他们为顾客提供的选择太少。在我的植物店里，顾客不仅可以直接购买我精心搭配好的多肉组合，而且可以自己动手做。每个人都有不同的想法，都有自己喜欢的植物组合样式和风格，而且多肉植物的种类太多，形态各异，大家不可能同时都喜欢某一种多肉植物或是植物组合。因此，我们给顾客提供一个展示创意的机会，让他们根据自己的喜好，按照自己的风格来挑选花盆，搭配多肉，制作自己最想要的那盆多肉植物艺术品。在这个过程中，顾客能够感受到挑选与搭配的乐趣，植物艺术品对顾客的意义与直接买来的相比也大为不同。我的店里之所以有许多老顾客，也是因为他们觉得在这里可以按照自己的想法随便组合搭配，比较自由，也相当有意思。

艺术气息
浓厚的
**空间**

**Q** 创业是很不容易的，您这两年的创业过程是不是很艰辛？

**A** 刚创业的时候还是很顺利的，因为那时"懒人植物"在北京还不是很常见。后来这种植物不断增加，迅速地传播开来，成为达人必备的潮流，困难也随之而来了。首先就是经营理念出现混乱，在坚持自己的风格与跟随市场趋势之间摇摆不定。后来还一度出现了当时从未想象过的理念和风格，比如说"乱"。我们并没有刻意去追求这种乱的效果，但是那时店里真的是很乱，而且是到处都乱。但令我意想不到的是，"乱"渐渐地成为我喜欢的一种状态。如果你是个心思很细腻、很感性的人，那么你看到的一定不是"乱"，而是那种自由和刺激，那种毫无约束的自由，那种令人兴奋的刺激。你也将会从路人变成我们的老顾客、好朋友。

GIVE US
MONEY,
WE ARE
PRETTY

植物店里，各色多肉都很美丽，顾客可以随便挑选。

**Q** 植物店给您带来了快乐吗？

**A** 是的，我很喜欢这种有生命力的植物。我每天都能自由地选择、搭配多肉，在轻松欢快的氛围中创造出一件件美丽的植物艺术品。

**Q** 有没有一些让您感觉非常有成就感或是说很惊喜的事情呢？

**A** 让我感到最惊喜的事情就是，有不少设计师和青年艺术家会拿着他们的作品来我们店里交换这些并不贵重的植物。这让我很有成就感，毕竟自己制作的艺术品得到了一些专业人士的认可，感觉又好玩又刺激。

**Q** 开植物店也有一段时间了，您现在是怎么看待这些多肉植物的呢？

**A** 我很不喜欢有些人对待多肉植物的态度，总认为它们高高在上。我认为多肉植物就是好玩，是能带给人欢乐的东西，就像音乐一样，谁都可以去欣赏、把玩。多肉植物是一种非常平易近人的生物，不能总是让其呈现出一种居高临下的姿态，而应让其保持一种轻松自然的状态，不用过于苛求一些东西。多肉植物是很好养活的，没有想象的那么难。现在，多肉植物已经是潮人的必备品了，如果能使多肉植物多一点艺术范儿，那就更好了。

**Q** 您是不是打算做一些事情来回馈一下植物店的忠实粉丝呢？

**A** 这是必须的。一是我们已经设计了一款多肉手帕，准备代替容易损毁的纸质说明书，送给那些一直喜爱我们植物的忠实粉丝。二是我们设计制作了一系列多肉植物周边产品，都是居家生活类的，也是顾客一直抱怨在其他地方买不到的，已于9月底推出，希望大家喜欢。

## 各式各样 的 盆

**Q** 多肉手帕？有什么妙用吗？

**A** 多肉手帕是用来帮助小伙伴们养好肉肉的。我们很高兴自己制作的植物得到了大家的喜爱，但是也发现一些小伙伴常常会把充满活力的肉肉养得毫无生机、奄奄一息。因此我们就把多肉的一些基本信息和种植、养护的方法写在手帕上。这样，天天用多肉手帕的小伙伴就可以多多了解肉肉们的属性，把植物养得更好、更健康了。

**Q** 接下来有什么新的打算吗？

**A** 今年我们在郊区建立了多肉大棚和植物艺术工作室，希望他们可以越来越好，培育出更多萌萌的植物，设计出更多美妙的花器，年底我们还将会进行陶瓷花器的设计制作，它们都带有我们店独一无二的风格。还有就是多一些艺术和商业机构找我们合作植物的项目。

## 植物店资讯

**店名：** 钱粮胡同58号植物馆
**地址：** 朝阳区东四北大街钱粮胡同58号
**营业时间：** 下午2点至10点
**经营方向：** 懒人植物及植物组合艺术品
**定位：** 京城首家自选体验式懒人植物店
**特色：** 在店内完全可以按照自己的风格DIY，也可以找店主做主题定制。每周末有植物手绘课和组盆种植课。

# 多肉仓库式花园
## 温室培育品种、规格不同的多肉

　　马刚进入花卉行业十余年，对花卉的生产与销售颇有心得，接触多肉植物后，他开始对多肉市场进行深入调查和研究，产销这种新的有强大发展潜力的品种，并不断地寻找各种创新的途径，逐步提高自己的竞争力。

## 达人专访

**Q** 您是从什么时候开始打算产销多肉植物的？

**A** 对于多肉植物，我们接触得很早，真正关注多肉也有三四年的时间了，因为我们本来就是从事花卉生产与销售的，做花卉行业有十多年的时间了。多肉植物从平平淡淡到销量渐增，引起了我们的关注，因为在花卉行业，寻找一个新的有强大发展潜力的品种太难了。注意到多肉植物的销量变化后，我们就对多肉市场进行了深入调查和研究。通过分析，我们认为多肉生产和销售是一个我们应该参与的领域。

**Q** 在北方生产这种喜温暖、光照的多肉植物会不会遇到一些温度方面的难题？

**A** 地域差别是有一定的影响，不过，在北方地区生产多肉植物，也有自己无与伦比的优势。起初的多肉生产主要集中在国内南方地区，但由于气候等自然因素的影响，多肉越夏是一个根本性的问题，在夏季多肉植物会大面积腐烂，这就造成多肉不能周年连续生产，反映在市场上就是没有大规格的商品，老桩这种极品的商品就更别说了。在北方（北京、山东等地）养殖，由于冬季气温低，的确会增加冬季的加温成本，但却可以从根本上解决周年连续生产的问题，我们可以养出大规格、品相好的成品，老桩也不成问题，只是会需要一段很长的时间。

**Q** 对整个国内多肉市场影响较大的因素有哪些？

**A** 刚刚说到的地域差别是一个很重要的影响因素，因为不同地方的气候条件差异很大，故对多肉植物生长繁殖的影响也不同。除此之外，多肉植物的品种来源差别、规格差别等都会对国内多肉市场造成很大影响。

**Q** 品种来源差别？能给我们简单解释一下吗？

**A** 我们在做市场调查的时候，发现有的多肉价格很低，有的价格却很高。在我们经验很少的时候，也搞不明白原因，深入调查后，才知道是品种来源的问题。目前，国内多肉主要有三个来源：国内自产品种、韩国产品和欧美产品。国内传统品种形状单一、颜色单调、品相差，虽然价格相对较低，但不是很受欢迎；韩国产品品种多、色彩丰富，并且在国内市场上销售的数量少，能到让大家抢的地步，价格自然不会低；欧洲产品个头大、整齐度高，但由于价格高，引进的数量有一定限制。

**Q** 进入多肉行业之后，您打算怎样提高自己的竞争力？

**A** 其实这个问题我们也想过，总的来说目前有三条路可以走。首先我们会优先选择好的品种，以韩货景天类为主，积累母本资源进行扩繁。韩国是多肉流行较早的地区，产销的多肉品种多样、外形精美，但由于韩国货主销售限额和进口限额的原因，母本资源的积累很慢，单一品种我们一次才能拿到几十棵，这也是比较多的了，有的甚至只让几棵几棵地拿货。但我们有耐心也有时间。其次，对于欧美货，我们也会有选择地引进一些品种，但其价格高，不能过多地引进。另外，还有一条途径是利用北方可以周年连续生产的优势，把南方的国产多肉，搬到北方，养殖大棵型的高规格产品。所有这些都能有效地填补市场的空白。

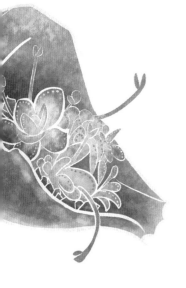

**Q** 有些人认为多肉是一种很高贵的东西，你个人对多肉有什么看法？

**A** 的确如您所说，现在人们一直把多肉看作是比较高贵的东西，只可远观而不可亵玩。究其原因，很大程度上是因为国内多肉流行的时间很短，人们还不是很了解多肉，对多肉的认识太少。特别是引进的韩货，由于价格很高、外观姣好，总是给人一种莫名的高贵感。但如果有所了解就会知道，其实这些韩货就是韩国人引进了中国的多肉产品，然后与本土产品进行杂交之后产生的一些品种。由于这些新品种国内没有，加上他们控制了销售的数量，所以才会使一些人感到多肉有一种新奇的高贵感。

我们现在要做的就是从精神和物质两个方面打破这种高贵的概念，让大家既从根本上了解多肉的实质，认识多肉其实就是一种可爱的、容易亲近的植物，又能够消费得起这种多肉植物。在栽培养护的过程中了解多肉，享受拥有多肉的快乐。

**Q** 您接下来打算怎样进行多肉的产销工作，有什么计划吗？

**A** 我们的长远计划是投入1000万元，在北京、山东用6万平方米温室进行扩繁养殖，当然，这需要较长的时间。在这期间总结一些多肉养殖的技术及经验，并把这些知识传播给广大的多肉爱好者，打破常规，打破垄断，使多肉生产销售能长远发展。

**植物店资讯**

**店名：** 翔鹏兰雅

**店主：** 马刚

**地址：** 北京市顺义区牛栏山镇蓝家营村

**经营方向：** 不同品种、规格及不同来源的多肉植物。

**特色：** 利用温室对多肉进行扩繁养殖，品种多样，物美价廉，顾客可以选择想要的任意一款。

# 惬意的多肉时光

## 郁郁葱葱，给人一种清新的悠闲

　　喜欢栽花种草的朱微微，自去南非出差，第一次认识了多肉植物之后，便陷入多肉的世界而不能自拔，并逐渐开启了她的"多肉慢生活"。后来她开了一家属于自己的多肉植物馆，在享受乐趣的同时，也希望能让更多的人了解并爱上多肉植物。

## 达人专访

**Q 您是从什么时候开始接触多肉植物的？**

**A** 2009年去南非出差时，我第一次认识了多肉植物，在那里"多肉植物"就像我们的北海道黄杨一样，只不过是路边绿化用的灌木丛，但这太让我欣喜了。因为这种新奇未知又生命力旺盛的植物使我正好可以重整天井，重拾在家栽花种草的乐趣，以至于到现在说起南非的风物，句句都与多肉有关——桌山上的多肉灌木，好望角的多肉灌木等。

**Q 那您是出差回来之后立即就开始尝试着种多肉，还是在接触与种之间有个间隔？**

**A** 我是出差回来之后就开始种植了，因为当时我觉得它们长得挺有意思的，所以回国后，我就开始在网上查找，才知道这种多肉植物在日本已经非常流行了。后来，我还发现这些植物通常会带有日系的审美风格。比如说，与这些多肉植物搭配出售的花盆不是Zakka（日语，意思是"好玩的杂货"），就是走在Wabi-sabi（也是日语，很少有人能把这种叫作"寂"的风格简明扼要地解释清楚）的路线上。由于对这种植物一见钟情，所以我也就抱着尝试的心态，辗转买了几棵回家自己种。在种植多肉植物的过程中，我更加喜欢这种萌萌的植物了，几乎就是从那时开始，多肉就注定成为我生活中的一部分，所以后来就开了植物店。

**Q 您植物店的生意好吗？**

**A** 这也是令我感到很自豪的地方，因为通过开店，我不仅解决了工作问题，而且觉得自己对推广多肉植物也多多少少做出了一点贡献。2012年初，我开了三家店，到今年为止，有40 000多个客人从我店里买过多肉植物。

**Q** 您现在已经在胡同里开了三家店，其中包括多肉植物馆，能给我们讲一下开店的故事吗？

**A** 从2009年第一次接触开始，我就一直在养多肉。到2011年时，我就盘算着开家多肉植物店。那时，我每年都要送给同事、朋友不少多肉植物。后来由于多肉植物繁殖力太强、后代太多，我就到家附近的一条商业繁华的胡同里去不定期摆地摊。那时北京的多肉植物非常少，很多人并不了解多肉植物，但是因为价格便宜，样子又小巧可人，生命力顽强，依然受到很多人的喜欢。2012年年初，我开了第一家多肉植物馆，几平方米的小店，塞得满满当当。开业半年后，我租下一间"惨不忍睹"的房子，每一个角落都经过我亲自设计，之后又鼓捣起多肉植物主题咖啡馆。后来，我又开了一家旧物杂货铺。在我的三家店中，都以多肉植物来装饰。

**Q** 多肉在微博上的疯狂传播，对您的植物店有影响吗？

**A** 影响很大。社交网络的传播效应很快带动了线下的销售。比如，景天科的"静夜"这个品种，几年前5元钱就可以买到一棵，现在品相好的能卖到上百元。在多肉植物的诸多细分品种中，景天科目前的涨价幅度最为明显。这种植物看上去就像一朵圆鼓鼓的莲花，很招人喜爱。现在，我的植物店生意好的时候一天可以卖掉30多盆。为了保证销售，我还在通州租了一个200平方米的大棚集中种植多肉。

店里的多肉
# 空间

**Q** 您以前是做什么工作的，为什么会想到开植物店呢？

**A** 我从小在四合院里长大，每天在天井院落中都能看到父母收拾花草，在他们的影响下我也养成了栽花种草的爱好。我是学设计的，干过许多设计、编辑、策划之类的工作。干媒体这行不可避免地要出差、熬夜等，在家里的时间很少，这让工作的状态和生活中的爱好似乎产生了不可化解的矛盾——每次出差或者忙的那个阶段过后，家里的植物因为无人照顾而牺牲大半，生活仿佛因工作的"侵占"而失去了光合作用的活力。我很不喜欢这种生活方式，因此，我选择了开植物店，这也是我一直以来的梦想。

**Q** 您能把三个店经营得这么好，除了爱好之外，是有什么经验吗？

**A** 其实这并不是我第一次开店，我开店的梦想和能力也不是与生俱来的。在我小的时候，父亲就在潘家园开店，周末时，我经常会帮父亲看店。20岁的时候，有一次去丽江旅行，我和妈妈觉得那里太美了，于是在束河开了一家民宿，而那时候，丽江还没有过度商业化，外地人在当地开店的还不是那么多。开了半年，我觉得生活太清闲了，于是盘掉客栈，跑回北京。但正是这段开店的经验，开启了我的梦想，也是由于我这种敢想敢干、付诸行动的性格才让我的人生一直都有新的变化。

# 多肉主题 的 咖啡馆

朱微微开了一家以多肉植物为主题的咖啡馆,深受大家的喜爱。

**Q** 听说像您这样的多肉植物爱好者有一个叫"仙珍圜"的论坛,是这个论坛让多肉普遍流行起来的吗?

**A** 是的,为了方便交流种植技巧,不少多肉植物爱好者都会加入"仙珍圜"论坛,而且会不时在里面发帖晒照片。但真正使多肉流行起来的是微博。微博图片被认为是让多肉植物流行的关键因素。许多人最初就是在微博或其他社交网站偶然看到照片,然后就决定要去找一盆来养养。关键性的转变发生在2012年5月。当时新浪微博上有一条展示了一种番杏科的多肉植物的微博被转发了数千次。这种植物全身呈通透的绿色,半球形的底部有两根细长的茎,酷似兔子的耳朵。而另一条介绍"熊童子"这种形似熊掌的多肉植物的微博也几乎在同时被疯狂转发。那时候很多人一走进我的店里就会问,你们这儿卖小兔子或者小熊掌吗?仙珍圜的人气也在此后成倍增长,目前注册会员已经突破2.3万,每天有2万多个新帖发布,而一年前仅有几百条。

**Q** 为广大多肉爱好者推荐几款多肉吧?

**A** 其实每一种多肉植物都有自己的特点,都很可爱。我比较喜欢景天科多肉植物,像白牡丹、熊童子、黑王子、黄丽等。他们都很适合在家中摆放,美观艳丽,养护简单。

朱微微很喜欢制作多肉组合盆栽,自己咖啡馆中的各种器物都能用来设计盆景。

多肉植物主题咖啡馆——小时光的优雅环境。

**Q** 多肉植物在组合搭配上有什么窍门吗？

**A** 小肉肉可以单独养护，不过如果能组合搭配，其实也能做出非常漂亮的盆栽。比如你可以模仿盆景的制作方法，采用自然的搭配，不必刻意做成某种几何图案，并且根据需要点缀装饰品，比如石头、木头等，以突出大自然的野趣。也可以利用那些比较特殊的器皿来栽培小肉肉，比如形状各异的瓷盆，心形、贝壳形、卡通造型等，还可以用大型的玻璃器皿来种植，或者将家里的废弃物品，比如旧皮鞋、破铁锅等等用来搭配肉植，都能做出非常洋气和时髦的组合感觉来。其实大家完全可以打破常规，将多肉自由编织设计成自己喜欢的样子。

**Q** 您喜欢自己现在的生活方式吗？

**A** 我很享受现在的生活。对我来说，现在一个不"工作"的日子是这样的：早上8点起来，先侍弄一下多肉植物们，在植物环绕中"假装在度假"，多数多肉植物只需要15天左右浇一次水，保持光照和通风即可生机盎然；然后溜溜狗，跟猫玩玩，去店铺里照顾下生意，晃一晃一天就过去了，胡同口都没走出过。大多数不"工作"的晚上会有朋友召集饭局，吃吃饭，晚上11点前一定会回家睡觉，我就像一部电池容量有限的手机，一到钟点，必须回家"关机座充"。这种生活方式是我的主编大人在办公室里提出来的，每个人的能量都是有限的，为了能长久高效地使用，一定要"省着点用"，还得保证有适当的方式补充能量。我的方式，就是在家里养养多肉植物，逗逗可爱的猫猫狗狗。

朱微微，一位接地气的北京姑娘，偶尔有些懒散，喜欢徜徉在多肉的世界中。

精心培育
的
**肉肉**

**Q** 您接下来有什么打算？

**A** 现在，我已经实现了生活与工作的统一，也实现了我开店的梦想。接下来就是继续经营我的三个店面，在多肉植物上寻求更大的突破，搜罗增加趣味性的多肉植物周边产品，不断满足肉肉迷们更加个性化的要求，使多肉植物更加流行。

**Q** 您认为多肉或者说您的三家店给您带来最多的是什么呢？

**A** 首先它们带给我最大的收获就是把爱好变成了自己的工作。对我来说，最舒服的地方不是在精致的高楼大厦里，而是在自己居住的这条胡同里。在这里，我可以把对生活的要求简化再简化，时间放慢再放慢。种种花，泡泡茶，逗逗猫狗，以自己最舒服的方式生活，无需取悦任何人。而且，由于多肉植物的特点——目前国内没有官方组织，很少有系统学习资料，多数靠同道中人的Q群、BBS交流经验，让我结识了不少新朋友。记得最早，在胡同口摆地摊的时候，有一个姑娘从我这买了一盆三四年生的生石花，后来我们成了朋友，那姑娘说："我们的友谊就是从一盆生石花开始的。"每当回想起这句话，我都会感动不已。另外，多肉植物的生长特性也满足了商旅人士的时间周期表，我也因为多肉植物顽强的生命力和奇特的繁殖方式认识了许多新朋友。

### 植物店资讯

**店名：** 多肉植物馆

**地址：** 北京市北锣鼓巷

**经营方向：** 懒人植物及植物组合艺术品

**特色：** 除了多肉植物馆外，还有一个名为"小时光"的多肉植物主题咖啡馆。多肉植物主题咖啡馆，上下两层，二楼的天台用一排排精巧又说不上名字来的肉嘟嘟的植物围绕着，形成一座植物墙，郁郁葱葱，给人一种清新的悠闲。

# 天然美味·多肉甜品架

白皙立体的甜品架
与丰厚温润的多肉搭配
在色彩的鲜明对比与撞击中
呈现出绝妙融合的趣味之作
独具特色的多肉甜品架
带你体验与众不同的多肉世界

作品细节
欣赏

[材料] 水苔

[工具] 镊子

[养护]

水苔的储水功能好，可以待水苔干后
再浇水，约1周以喷水的方式浇一次
水，让水自然排出即可。

[品种搭配]

霜之朝　　火祭　　雅乐之舞　　白牡丹　　珍珠吊兰

黄丽　　星美人　　虹之玉　　若绿　　紫弦月

**操作步骤** ⋯⋯⋯⋯

❶ 先将需要用到的多肉植物准备好。

❷ 将浸泡过的水苔取出，挤掉大部分水分待用。

❸ 将准备好的水苔放入甜品架至九分满处。

❹ 可以用镊子将多肉植物塞入水苔中。

❺ 依次将其他多肉也植入甜品架中。

❻ 用同样的方法将上面小甜品架内的多肉植物种
好即可。

# CHAPTER 2
## "邂逅"从了解开始
## 常见文艺多肉小集

多肉植物品种繁多，每一种都有自己的独特之处。我们能接触到的主要有石莲花属、景天属、莲花掌属、青锁龙属、仙人掌属等属的多肉植物，想要在邂逅时认出它们，那就先去了解它们的容貌与习性吧！

　　我们能接触到的多肉植物主要有景天科、大戟科、番杏科、百合科、菊科、萝科等几个科属的多肉植物，所以在邂逅它们时，一定要认出它们哦！本书主要介绍景天科和百合科多肉植物。

　　景天科植物又有景天属、银波锦属、青锁龙属、莲花掌属、石莲花属等分类，每个属的植物又各有其特点，如石莲花属的多肉大多呈莲花状，叶片厚实，易群生，个头一般不大，以扦插繁殖为主。

　　百合科多肉植物中最常见的是十二卷属多肉，十二卷属种的多肉植物造型奇特，株型较小，有单生或丛生，叶片肥厚壮实，多呈莲花状，以扦插为主，适合在春季或夏季扦插。

# 石莲花属
## *Echeveria*

**概述**　原产于美国、墨西哥和安第斯山地区，为多年生肉质草本植物或亚灌木，叶片匙形或倒软匙形，稍厚，顶端有小尖，多披白粉。夏末秋初抽出总状花序、聚伞花序和圆锥花序。

**栽培环境**　喜温暖、干燥和阳光充足的环境。耐干旱，稍耐半阴。不耐寒，冬季温度应保持在5℃以上。宜使用肥沃、疏松和排水良好的沙土壤，忌积水。生长期适度浇水，夏季不能完全断水，冬季保持干燥。生长期每月施肥1次。

## 养护指南

**温度**　生长最佳温度为18~25℃，冬季温度应保持在5℃以上。

**光照**　全日照养护，夏季需要适当遮阴。

**浇水**　忌盆土过湿。生长期每周浇水1次，夏季不能完全断水，冬季宜少量浇水，保持盆土干燥。空气干燥时，需向盆器周围喷雾保湿。

**施肥**　生长期每月施1次稀释饼肥水，不能让肥液玷污叶面。

**繁殖**　叶插繁殖。在生长期间掰取成熟而完整的叶片晾1~2天后，稍倾斜地放在有潮气的沙土等土壤上进行繁殖。

# 黑王子

*Echeveia 'BlackPrince'*

黑王子原产于墨西哥和中美洲地区，为石莲花属的栽培变种，是少有的几种黑色多肉，也是花叶俱佳的植物。

黑王子的植株茎很短，在生长旺盛期叶盘非常大，直径可达20厘米，叶片也可达100枚以上。叶片独特的黑紫色和匙形的外观使之更具有观赏性，很像黑色的莲花，给人一种很新奇的感觉。

# 大和锦
*Echeveria pur-pusorum*

大和锦又叫三角莲座草，原产于墨西哥，多年生肉质草本，生长非常缓慢，是石莲花属中生长变化最小的一个品种。

大和锦的形态较为奇特。叶片呈广卵形或散三角卵形，背面突起呈龙骨状，灰绿色的叶片上夹杂着红褐色的斑纹。花序颇高，可达30厘米长。开出的花朵以红色为主，上部还略带黄色，非常漂亮，具有很强的观赏性。

# 吉娃莲
*Echeveria chihuahuaensis*

吉娃莲又叫吉娃娃，原产于墨西哥奇瓦瓦州，较高的海拔使吉娃莲喜光照的同时也很喜凉爽。冬季比较耐寒，早春时最为美丽。

吉娃莲属于小型植株，在石莲花属中是比较小巧玲珑的品种。虽然小，但是很美丽。蓝绿色的卵形厚叶带有小尖，叶面披着白粉，叶边缘常会变成亮丽的深粉红色，还会开出美丽的红色钟形小花。

# 初恋
*Echeveria cv. Huthspinke*

初恋原产于墨西哥地区，是拟石莲花属的交配品种，因其好听的名称与艳丽的色彩深受多肉种植者的喜爱。

初恋的叶片和其他同属多肉相比稍薄，表面覆有薄薄的白粉。一般情况下叶面呈绿色，如果日照充足就会变成红色，色彩非常艳丽，是一种很难得的颜色非常艳丽的石莲花。夏季偶尔会休眠，秋季色彩最为出众。

# 蓝石莲

*Echeveria peacockii*

蓝石莲也被称作皮氏蓝石莲，原产于墨西哥普埃布拉，属于中大型的多肉品种，尺寸可长达10~15厘米。

蓝石莲卵形到椭圆形叶片前端的叶尖很尖，上部较为平整，下部则有龙骨状的弧度。叶片大部分时间呈蓝白色，在充足的日照下会变成粉红色，更加迷人。春季，蓝石莲蝎尾状聚伞花序会开出橙红色的钟形小花。

# 鲁氏石莲花

*Echeveria runyonii*

鲁氏石莲花原产地位于墨西哥，属于石莲花属中的中小型品种。在充足日照下叶色才会艳丽，株型才会更紧凑、美观。

鲁氏石莲花的叶片很有特点。匙形的叶片有叶尖，叶缘光滑无褶皱，叶色灰白，新老叶叶色深浅不一，并且叶片晒不红，强光与昼夜温差大或冬季低温期叶缘会呈现出轻微的粉红色。花序为穗状花序，会开倒钟形的黄色小花。

# 白凤

*Echeveria 'Hakuhou'*

白凤是园艺培育品种，为由景天科石莲花属的霜之鹤与雪莲杂交育出的多年生草本植物，身形雍容华贵，很受青睐。

白凤的体型比较庞大，叶面最大直径可以超过20厘米，而且全株都披有白粉。叶片呈翠绿色，冬季叶缘会逐渐变红，格外亮丽。白凤的花也特别漂亮，歧伞花序自叶腋伸出，开出钟形的橘色小花。

# 玉蝶

*Echeveria secunda var. glauca*

玉蝶又叫石莲花、宝石花、石莲掌、莲花掌、八宝掌，原产地为墨西哥伊达尔戈州，是现在最为常见的一种多肉植物。

玉蝶身材比较矮小，但植株很美观，肉质叶呈标准的莲座状排列，短匙形的叶片顶端带小尖，微向内弯曲，使全株略呈漏斗形。叶色浅绿或蓝绿，披有白粉或蜡质层，极其美观。6到8月会开钟形的红黄色小花。

# 静夜

*Echeveria derenbergii*

静夜原产于墨西哥地区，在石莲花属中，属于植株比较矮小、易群生的迷你型多肉植物，适合迷你的组合盆栽。

静夜的美主要在于它的植株姿态紧凑美丽、色泽鲜亮，浅绿色的肉质叶上点缀着一个个红色的尖，清脆典雅，小巧可爱。因此，要有充足的阳光，以使株型紧凑，叶色鲜亮，避免因光照不足而导致株型松散，色泽暗淡。

# 紫珍珠

*Echeveria cv. Perle von Nurnberg*

　　紫珍珠又被叫作纽伦堡珍珠，是最美的多肉植物之一。它耐旱、耐寒、耐阴、耐室内的气闷环境，是一种适应力极强的多肉植物。

　　紫珍珠最为迷人的是它的匙形叶片，表面光滑，排列成莲座状叶盘。生长期以绿色为主，进入秋季后，随着昼夜温差加大，叶色会呈现出紫色。夏末秋初从叶片中长出花茎，绽放出略带紫色的橘色花朵。

# 锦晃星

*Echeveria pulvinataAtropurpureum*

　　锦晃星又被称为金晃星、绒毛掌猫耳朵，原产地位于墨西哥，中国多地都有分布，是一种栽培较为普遍的多肉植物。

　　锦晃星为多年生小灌木状多浆植物，灰绿色卵状倒披针形肥厚肉质叶轮状互生，比较独特。叶片上布满了细短的白色茸毛，叶缘顶端稍带红色，既鲜艳又可爱，与冬季和早春绽放出的一串串橙红色小花交相辉映，异常美丽。

# 雪莲

*Sedum sediforme*

　　雪莲原产于墨西哥，与芙蓉雪莲相似，非常喜欢日照，对水分需求较少。是一种非常漂亮的白色调石莲花属植物。

　　雪莲肥厚的叶片呈汤匙形，顶端圆钝或稍尖，顶端圆钝的被称为圆叶雪莲。叶片大部分时间都呈现白色，日照时间增多、温差增大的情况下会变为紫色，肥厚的叶片上有很厚的粉末，再加上橘红色穗状小花，十分动人。

# 高砂之翁

*Echeveria 'Takasagonookina'*

　　高砂之翁原产于墨西哥，为多年生肉质植物，喜光照，叶色美丽，形态独特，观赏价值非常高。

　　高砂之翁的茎部比较粗壮，翠绿至红褐色的叶片排列得很密集，叶缘与女王花舞笠相似，有很大的波浪状皱褶。强光与昼夜温差大或冬季低温期叶色深红，非常迷人。聚伞花序，夏季开橘色钟形小花。

# 女王花舞笠

*Echeveria.cvMeridian*

　　女王花舞笠又名扇贝石莲花、女王花笠，为石莲花属的栽培品种，喜温暖干燥和阳光充足的环境，不耐寒。

　　女王花舞笠的形态与其他石莲花属多肉植物相差较大，主要呈褶皱生长，叶片圆形，叶缘有大波浪，很像包菜。女王花舞笠的叶片一般是翠绿色的，强光下与昼夜温差大或冬季低温期叶色深红，极具观赏价值。花为卵球形，也很独特。

# 霜之朝

*Echeveria secunda var. glauca*

  霜之朝原产于墨西哥,多年生无毛多肉植物,非常抗晒,是一种比较强健的石莲花属多肉植物,有一定的观赏价值。

  霜之朝的叶片较为独特,呈扁长梭形,叶背有棱线,叶面凹陷,叶片向叶心轻微弯曲,叶缘呈圆弧状。披有白粉的蓝绿色叶片非常抗晒,日照充足时略带粉色,格外漂亮。簇状花序上的钟形黄色花朵花开五瓣,也很漂亮。

# 锦司晃

*Echeveria 'Hakuhou'*

  锦司晃又叫茸毛石莲花、白毛匙叶草,原产于墨西哥地区,喜欢日照充足、干燥、空气流通较好的环境。

  锦司晃是一种无茎植物,叶片着生于莲状叶盘上,卵圆形至匙形的叶片被白色茸毛覆盖。叶身以中绿色为主,叶缘和叶片顶端有时会呈现红色。锦司晃与同属的锦晃星很像,但是其叶片比锦晃星厚,叶缘没有锦晃星红。

# 花月夜

*Echeveria pulidonis*

　　花月夜又叫红边石莲花，是一种原产于墨西哥地区的多年生肉质草本植物，喜温暖光照，有厚叶型和薄叶型两种。

　　花月夜匙形的肉质叶呈莲座状排列，边缘全绿，顶部呈椭圆形并且带有小尖，披有白粉的叶面以浅绿色为主，叶缘在光照充足时会呈现红色。花月夜开黄色的花朵，但花较小。花月夜株型酷似一朵美丽的莲花，有一定的欣赏价值。

# 乙姬花笠

*Echeveria gigantea var.crispata*

　　乙姬花笠又叫皱波状巨石莲花，是巨石莲花的变种，和女王花舞笠的缀化品种很像，也是一种形态较为奇特的植物。

　　乙姬花笠是一种比较大的石莲花属多肉植物，株高和株幅都可达30厘米，倒卵形的叶片也很大，基部窄，越往上越宽大，大体上呈扇形。叶面呈灰绿色，光照充足的环境下会转成红色，波浪形起伏的叶缘呈淡红色，非常美丽。花淡黄色。

# 景天属
*Sedum L.*

**概述**　也称佛甲草属、万年草属，主要分布在北半球，全属400种左右。该属植物为一年生或多年生草本或亚灌木，叶互生。花为顶生的聚伞花序或圆锥花序。

**栽培环境**　喜光照充足、干燥的生长环境，冬季气温不低于5℃。部分植物耐极端低温和极为寒冷的天气。宜使用肥沃、疏松、排水良好的基质栽培，浇水量和浇水次数要少，以免由于长期积水引起植株根茎腐烂。生长期每月施1次肥。

## 养护指南

**温度**　生长最佳温度为18~25℃，冬季温度应保持在5℃以上。

**光照**　需要给予充足的光照，但夏季仍需稍遮阴。

**浇水**　浇水量要少，浇水的频率要低，保持土壤微湿润即可，不能浇透，否则易引起烂根。夏季半休眠状态需保持盆土稍干燥。

**施肥**　全年施肥2~3次，可以用稀释饼肥水。

**繁殖**　扦插繁殖。可在春秋季节从植株顶端剪取5~7厘米长健康枝，晾干后插入培养基质中繁殖即可。

# 虹之玉

*Sedum rubrotinctum*

　　虹之玉又叫耳坠草、玉米粒，原产于墨西哥。喜温暖、光照，不耐寒，耐旱，适应性强，对土壤要求不严。

　　虹之玉是多年生的肉质草本植物，分枝较多，生长缓慢。圆筒形至卵形的叶互生，表皮翠绿光亮。性喜阳光，越晒叶色越红，观赏性也随之提升。夏季会有短暂的休眠期，故要减少浇水，避免因环境闷热潮湿而腐烂。

# 矾小松

*Sedum hispanicum*

矾小松又叫薄雪万年草，广布南欧至中亚地区，是一种清秀典雅、富有野趣的小型多肉植物。

矾小松乍一看很像野草，其实它比野草好看得多。它的叶片呈棒状，表面还有一层白色蜡粉。叶片密集生长于茎端，很像一朵朵小花，体现出一种层次美。夏季会开出白色略带粉红色的星形花朵。

# 新玉缀

*Sedum burrito*

新玉缀又叫新玉串、维州景天，原产于墨西哥维拉克鲁斯州，与玉缀相似，是一种很美丽的垂吊多肉。

新玉缀的叶片是直立的圆形，长度约1.5厘米左右，呈一种很清新的淡绿色，小巧可爱，花为星状。　植株在悬垂的状态下很有观赏性，如果能保持充足的光照，叶片会很密集，植株会更加美观。

# 小球玫瑰

*Sedum spurium cv.'Dragon's Blood*

小球玫瑰也被称为"龙血景天"，原产地位于墨西哥，属于"冬种型"多肉，是一种非常可爱的景天属植物。

小球玫瑰个头很小，茎细长，但根系非常强大，很容易长出新枝，形成群生，因此常呈匍匐状。对生或互生的叶片很艳丽，叶缘波浪状常红，叶片颜色随气温不同绿色至红色，秋冬季节，整株呈现出紫红色。

# 玉缀

*Sedum marganianum*

玉缀又叫玉帘、玉串、玉珠、翡翠景天、串珠草、玉串驴尾、玉米景天、松鼠尾，原产于墨西哥，垂吊起来非常美丽。

玉缀是一种常年丛生灌木，茎下垂呈匍匐状，植株比较长，可达到1米左右。叶片也比较多，呈纺锤形，紧密地重叠在一起，很像是一串串起来的玛瑙。2～3月份也会开深紫红色的小花。

# 黄丽

*Sedum adolphii*

黄丽又叫金景天，原产于墨西哥，性喜日照，耐半阴，忌湿，人工繁殖成活率高，是目前种植比较广的一种多肉植物。

黄丽匙形的叶片色彩非常艳丽，表面附蜡质，呈黄绿色或金黄色偏红，在光照充足的情况下，叶片边缘会泛红，很是迷人。黄丽的花序是聚伞花序，但是一般不开花，若开花，则是浅黄色的单瓣花。

# 铭月

*Sedum nussbaumerianum*

铭月别名黄玉莲，原产于墨西哥，为多年生肉质草本植物。栽培繁殖都十分简便，是大众化的多肉种类，适合初学者栽培。

铭月和黄丽有点相似，披针形的叶片有很钝的尖，3.5厘米长、1.5厘米宽、0.6厘米厚。叶色艳丽，以黄绿色为主，叶缘还稍带点红色。花为白色。养护铭月是一件很有趣的事，因为不同条件下能养出完全不同颜色的铭月。

# 千佛手

*Sedum sediforme*

千佛手又叫菊丸，是一种比较矮小的植物，一年四季都在生长，无明显的休眠期，观赏价值很高。

千佛手为多年生常绿草木植物，它开花的样子非常别致，刚开始花朵被绿色叶子所包拢保护，当叶子逐渐张开的时候才会露出花苞，在春夏季，可以享受这个有趣的过程，并且能看到美丽的黄色花朵。

# 八千代

*Crassula brevifolia'*

八千代又叫厚叶景天、玉珠帘，也是一种原产于墨西哥地区的灌木状肉质植物，和同属的乙女心极为相似。

八千代圆柱形的叶片松散地簇生于分枝顶部，稍向内弯，拥有平整光滑的表面，顶端比较圆钝且比基部稍细。叶色以淡绿色和淡灰色为主，先端在光照充足时会变为红色。于春季开黄色小花。

# 乙女心

*Crassula lycopodioides var.pseudolycopodiiioides*

乙女心原产于墨西哥，是一种灌木状肉质植物，植株比较粗壮，且很容易繁殖，所以在很多地方都有种植。

乙女心圆柱状的叶片呈绿色，新叶叶尖可以看到浅浅的棱。它是一种喜欢光照的植物，因为在光照充足的环境下，乙女心的株型才会更紧实美观，叶片才会矮小不徒长，并且叶色也极其艳丽。春季为花期，会开出黄色的小花。

# 莲花掌属
## *Aeonium*

**概述** 莲花掌属主要分布在北非和加那利群岛等地，全属共有30余种植物。本属植物为灌木状，茎分枝或不分枝。叶呈莲座状排列，叶缘和叶面有毛。花为总状花序，花后全株枯死。

**栽培环境** 喜温暖、干燥和阳光充足的环境，耐干旱，不耐寒，稍耐半阴。不喜高温和潮湿的环境，忌强光，夏季要注意遮阴。宜使用肥沃、疏松和排水良好的沙质土壤。生长期适度浇水，遵循不干不浇的原则，等土壤彻底干燥后再浇。

## 养护指南

**温度** 20~25℃的气温最适合莲花掌属的植物生长，冬季气温尽量保持在6℃以上。

**光照** 生长期需要给予充足的光照，过低的光照易造成植物徒长，盛夏稍遮阴。

**浇水** 生长期不需要过多地浇水，保持盆土稍湿润即可，否则枝叶易徒长。夏季高温和冬季低温时，盆土需保持稍干燥。

**施肥** 生长期每月施1次稀释饼肥水，肥料不宜多，否则也会引起徒长。

**繁殖** 扦插繁殖。从长势良好无病虫害的母株上剪取旁生的子株，晾干后扦插在排水良好的土壤中养护繁殖。

# 莲花掌

*Aeonium tabuliforme f.cristata*

　　莲花掌原产于地中海地区，为多年生肉质草本植物，体型比较庞大，叶面直径最大可超过50厘米。

　　莲花掌莲座状的紧密叶丛非常美观，倒卵形的叶片无毛披白粉，叶色以翠绿色为主，少数为粉蓝或墨绿色。每年6到10月，柔软的聚伞花序上会开出红色的小花，但花瓣呈披针形且不会张开。

# 黑法师

*Aeonium arboreum cv. Atropurpureum*

　　黑法师又叫紫叶莲花掌，原产于加那利群岛，为莲花掌的栽培品种。其厚重的叶片聚合而成的花型十分美丽。

　　黑法师很高大，灌木状的植株可高达1米左右，茎是浅褐色的圆筒形，而且有很多分枝。倒长卵形或倒披针形的叶片顶端有小尖，叶缘有白色睫毛状细齿，呈独特的黑紫色。开出的小黄花为总状花序，观赏价值高。

## 清盛锦

*Aeonium decorum f·variegata*

　　清盛锦又叫艳日晖、灿烂，原产于大西洋加那利群岛，为多年生常绿肉质植物，主要分布于墨西哥、非洲马达加斯加岛、中国等地。

　　清盛锦的叶片很特殊，倒卵圆形的叶片顶端尖，正面中央稍凹且有很多茸毛，背面有龙骨状凸起。叶缘有像睫毛一样的锯齿，颜色也极为艳丽，中间黄绿色相间分布，边缘为红色或粉红色。

## 爱染锦

*Aeonium domesticum fa.*

　　爱染锦又被称作黄笠姬锦、墨染，原产于大西洋诸岛、北非和地中海沿岸，既具有观赏价值，也有净化空气的功能。

　　爱染锦属于娇小灌木状植株，匙形的绿色叶片上含有黄色的锦斑，观赏性很强。如果完全锦斑化，则会变成全黄色，更加动人。但夏季休眠非常明显，叶片会不停地干枯掉落。春季会开圆锥花序的黄色小花。

# 毛叶莲花掌

*Pachyphytum cv.MOMOBIJIN*

毛叶莲花掌又叫墨染，原产于加那利群岛，是一种常绿的莲花掌属亚灌木，盆栽很适用于布置厅堂居室。

毛叶莲花掌是一种比较低矮的植物，株高仅有50厘米左右，株幅40厘米。其匙形的肉质叶呈浅绿色，叶缘浅红并生有白毛，繁茂的叶子排列成莲座状，四季常青，非常具有观赏价值。圆锥花序位于植株顶部，花金黄色。

# 花叶寒月夜

*Pachyphytum compactum*

花叶寒月夜又叫灿烂，原产于加那利群岛，为莲花掌的斑锦品种，是一种多年生常绿草本植物，具有很好的装饰效果。

花叶寒月夜株型美观，叶色斑斓多彩，是现在较受欢迎的一种多肉植物。其倒卵形的叶片很薄，叶片绿色为主，带有细密的锯齿的边缘呈黄色或粉红色，莲座的形态使其很像绽放的莲花，小巧可爱，很适宜盆栽种植。

# 中斑莲花掌

*Aeonium tabuliforme f.cristata*

中斑莲花掌原产于墨西哥，是莲花掌的变异品种，多年生无茎草本植物，很容易繁殖生长。

中斑莲花掌个头高大，是一种大型莲花掌，叶面直径可达50厘米。蓝灰色的叶片近似圆形或倒卵形，先端非常圆钝，叶片的中间有脑白斑，根系比较发达，因此浇水不能过多，积水容易导致枝干腐烂黑化。

# 黑法师锦

*Aeonium arboreum var rubrolineatum*

黑法师锦是黑法师的斑锦品种，形态特征与黑法师相似，喜温暖、干燥和阳光充足的环境，耐干旱。

黑法师锦绿色的叶片呈莲座状叶盘生长在植株顶端，叶片中带着暗紫色斑点，叶顶端有小尖，叶缘有睫毛状纤毛，看上去非常可爱。但要防止光照不足造成的叶片徒长。花为总状花序，小花黄色，花后通常植株枯死。

# 青锁龙属

*Crassula*

**概述**　青锁龙属原产于非洲、马达加斯加、亚洲干旱地区至湿地、高山和低地，全属约有150余种。多为一年生、多年生肉质植物，常绿灌木或亚灌木。花有筒状、星状或钟状。

**栽培环境**　喜温暖、干燥和半阴环境，耐干旱。不耐寒，冬季温度应保持在5℃以上，夏季需适当遮阴。怕积水，春季至秋季适度浇水，冬季应严格控制浇水。宜用肥沃、疏松和排水良好的沙土壤。生长期每月施肥1次。

## 养护指南

**温度**　生长适温在20℃左右，冬季气温尽量保持在5℃以上。

**光照**　全日照，夏季稍遮阴。

**浇水**　春秋季生长期需水量较大，每周浇水1次，其他时间适当减少浇水量。冬季植株处于半休眠状态时，可不浇水或浇极少量的水，让盆土保持干燥。

**施肥**　生长期每月施1次稀释饼肥水，冬季不施肥。

**繁殖**　扦插繁殖。从健康的植株顶端剪取3~4厘米长的茎叶，插入沙床，保持在20℃左右的室温下繁殖即可。

# 筒叶花月

*Crassula oblique 'Gollum'*

　　筒叶花月又叫吸财树、玉树卷、马蹄角、马蹄红，原产于南非纳塔尔省，是一种非常强健的多肉植物。

　　筒叶花月的肉质叶呈筒状，长4～5厘米，粗0.6～0.8厘米，顶端呈斜的截形，非常有特点。叶互生，在茎或分枝顶端密集成簇生长。叶色鲜绿有光泽，冬季其截面的边缘呈红色，非常美丽迷人。

# 星王子

*Crassula conjuncta*

　　星王子原产于南非，常被误认为是"钱串"，实际上比"钱串"要大很多。宝塔状，是一种奇特而美丽的多肉植物。

　　星王子是多年生肉质草本植物，大多直立生长。无柄对生的叶片密集排列成四列，由基部向顶端逐渐变小，接近尖形，形似宝塔。叶色浓绿，在冬季和早春的冷凉季节或阳光充足的条件下会变成红褐或褐色，异常美观。

# 花月

*Crassula ouata*

花月又被称为翡翠木、玉树、燕子掌，原产地位于南非，有"黄金花月"、"三色花月锦"等常见变种。

花月及其常见变种都很美观，也比较高大，植株可高达1米左右，分枝也较多，呈灌木状。匙形的叶子比较圆润，交互对生，中绿色的叶面很光滑，镶着红色的边。花多为星状，白色或是浅粉色。

# 若绿

*Crassula lycopodioides var.pseudolycopodiiioides*

若绿又叫青锁龙、鼠尾景天，原产地位于南非，多年生肉质草本植物，是一种适应性强、容易繁殖、生长速度快的多肉品种。

若绿很像路边的一种草，叶片非常有特点，如龙鳞一般。若绿三角形卵状的叶呈鳞片状，紧密地排成4列，大部分时间呈绿色，在日照充足的条件下顶部的叶片会变成红色，观赏性极佳。叶腋部生筒状淡黄色小花。

# 钱串景天

*Crassuia perforata*

　　钱串景天又叫星乙女，是一种原产于南非的多年生肉质植物，叶形叶色较美，有一定的观赏价值，可盆栽。

　　钱串景天卵圆状三角形的叶片呈灰绿至浅绿色，叶缘稍具红色，交互对生，无叶柄，基部连在一起，很像是古代的一串串铜钱，是一种颇受人们喜爱的小型多肉植物之一。4到5月是钱串景天的花期，花呈白色。

# 半球星乙女

*Crassula brevifolia'*

　　半球星乙女原产于南非，多年生肉质植物。本种茎和叶都是微型的，叶形较奇特，色彩悦目，适合做家庭微型盆景。

　　半球星乙女体型较小，株高20～30厘米，株幅则只有10厘米左右。叶片和钱串景天很相似，呈卵圆状三角形，若叶面展开，背面浑圆似半球状，肉质坚硬，黄绿色，叶缘呈红色。花为钟状的白色或黄色花朵。

# 火祭

*Crassula capitella 'Campfire'*

　　火祭又叫秋火莲，原产于非洲南部等地，是头状青锁龙的栽培品种，多年生匍匐性草本植物，是人们喜欢观赏的植物之一。

　　火祭直立的根很粗壮，株高20厘米，株幅15厘米，植株丛生，呈一种独特的四棱状。长圆形肉质叶片紧密地排列在一起，平时为灰绿色，夏季在冷凉、强光下，叶片会呈现美丽的红色。花期开白色星状的花。

# 天狗之舞

*Crassula dejecta*

　　天狗之舞又叫匍匐青锁龙，是一种原产于南非的多年生肉质植物，主要生长期在冷凉季节，夏季高温休眠。

　　天狗之舞的茎较为独特，最初是肉质茎，但随着养护时间的增加，茎会逐渐木质化，长大后呈半匍匐状生长。扁平、卵圆形的叶片呈绿色，叶缘红褐色，温差大时更加明显，也更加美丽。花为聚伞花序，白至浅红色。

# 若歌诗

*Crassula Rogersii*

　　若歌诗原生地位于南非，为多年生肉质植物，是中间型种的青锁龙属植物，外型美观，夏季高温季节会休眠。

　　若歌诗完美地体现了多肉植物的"萌"态。茎呈细柱状，叶片覆盖着细细的茸毛，长得胖嘟嘟、毛茸茸的，十分可爱。叶片淡绿色，叶缘微黄或微红，在充足的阳光下，叶子会变得肥厚饱满，更加动人。

# 红稚儿

*Crassula pubescens subsp. radicans*

　　红稚儿原产于墨西哥，为多年生肉质草本植物，颜色反差较大，观赏性很强，还可栽植于室内以吸收甲醛等物质，净化空气。

　　红稚儿的叶片比较薄，正常情况下是绿色，但是，充足的光照和巨大的温差会让它在晚秋和早春的时候整株全部变成红褐色，立刻变成一种非常吸引眼球的植物。另外，红稚儿的花序也很长，并且能开出白色的小花。

# 伽蓝菜属
*Kalanchoe*

**概述**　伽蓝菜属又名灯笼草属，约200种植物，大部分产于非洲，少数产于亚洲热带地区，肉质植物，有些基部稍木质，叶对生。花较大，多呈黄色、红色或紫色，排成顶生的聚伞花型。

**栽培环境**　喜温暖干燥和阳光充足的环境，耐干旱。不耐寒，冬季气温应保持在10℃以上。不耐水湿，生长期适度浇水，冬季只需保持盆土稍湿润。宜选择肥沃、疏松和排水良好的沙土壤作为栽培基质。生长季节每3~4周施肥1次即可。

## 养护指南

**温度**　生长最佳温度为15~20℃，冬季温度高于10℃。

**光照**　喜光照，也耐半阴，夏季忌强光直射。

**浇水**　耐干旱，忌水湿，生长期每周浇水1~2次即可，过多浇水容易造成叶片损伤。夏季干燥期要保持植株湿度，需向叶面及周围空气喷雾。冬季应适当浇水，盆土不能完全干燥。

**施肥**　生长期每月施1次稀释饼肥水。

**繁殖**　扦插繁殖。可于生长期间剪取成熟的顶端枝，等到剪口晾干后插入沙床中，10天左右即可生根，1周后移入盆中定植即可。

# 月兔耳
*Kalanchoe tomentosa*

月兔耳又叫褐斑伽兰，原产于中美洲干燥地区及马达加斯加，喜阳光充足的环境，夏季要适当遮阴。

月兔耳的叶片最为奇特，形似兔耳，具茸毛，叶片边缘有褐色的斑纹。叶片为黑白色，间有褐色的斑点，晚秋到早春生长旺盛。花序为聚伞花序，并且很高，夏季会开白粉色的管状小花。

# 宽叶不死鸟
*Crassula Rogersii*

宽叶不死鸟也被称为大地落叶生根，原产于非洲的马达加斯加岛的热带地区。因其繁殖能力超强而被人们誉为"不死鸟"。

宽叶不死鸟个头大，长得漂亮。株高可达50~150厘米，叶片肥厚多汁，边缘长出整齐美观的不定芽，形似一群小蝴蝶，非常美观。每年4~6月皆可欣赏到宽叶不死鸟聚伞花序上的橙色钟形小花，是一种比较有趣的植物。

# 黑兔耳

*Kalancho tomentosa*

　　黑兔耳也叫巧克力兔耳，原产于中美洲干燥地区，为多年生肉质草本植物，是月兔耳的栽培品种。

　　黑兔耳株高80厘米，株幅20厘米，叶片短而厚实，形似兔子的耳朵，灰白色，间有褐色斑点，易分枝。叶片被深褐色的斑点包围，花钟状，黄绿色，长1.5厘米。

# 梅兔耳

*Kalanchoe beharensis*

　　梅兔耳又被称为贝哈伽蓝，原产于马达加斯加地区，为多年生肉质草本植物，是一种非常有特色的多肉植物。

　　梅兔耳可以说是伽蓝菜属中的巨无霸，株高1米，株幅1米，体型相当庞大。它的叶片长达35厘米，呈三角形至披针形，边缘有锯齿，银色和金黄色的毛很美观很有特色。花为聚伞状圆锥花序，花呈黄绿色。

# 唐印

*Crassula ouata*

唐印又叫牛舌洋吊钟，原产地位于南非，是一种叶面披有白霜的多年生肉质植物，茎叶较为美观，有一定的欣赏价值。

唐印是一种比较美观的多肉植物。卵形至披针形的叶片披有白霜，叶身以浅绿色为主，在温差极大、阳光充足的环境下，叶片边缘会变成红色，非常迷人。聚伞状的圆锥花序直立至展开，开管状或坛状的黄色小花。

# 千兔耳

*Crassuia perforata*

千兔耳又叫香叶洋紫苏，原产地位于非洲马达加斯加岛，是一种非常喜欢光照的夏型种植物，颇受欢迎。

千兔耳的叶子是它最为美丽的地方，和同属其他兔耳一样，它的表面也有一层软茸毛，摸起来很有感觉，而且千兔耳锯齿状对生的叶排列得很整齐，给人一种紧凑可爱的感觉。圆锥花序上开出的钟状黄绿色小花也很美观。

# 厚叶草属

*Pachyphytum*

**概述** 厚叶草属原产于墨西哥的干旱地区，全属仅有植物10余种，为莲座状的多肉植物。茎半直立，通常有分枝。叶互生，中绿色的叶片披白霜，形状差异较大。花钟形，花期春季。

**栽培环境** 喜温暖和阳光充足的环境。宜选择肥沃、疏松和排水良好的沙土壤作为栽培基质。不耐寒，冬季气温应保持在5℃以上。夏季避免强光直射，生长季节适度浇水，其余时间保持干燥。生长期每一个半月施低氮素肥1次。

## 养护指南

**温度** 19~25℃最适宜生长，冬季温度不低于5℃。

**光照** 喜光照，也耐半阴。

**浇水** 早春和秋季每月浇1次水，冬季应该停止浇水，保持盆土干燥。盆土不宜过湿，否则肉质叶易徒长或腐烂。

**施肥** 生长期每月施1次稀释饼肥水。

**繁殖** 扦插繁殖。可于春夏季截取健康的茎或叶片，晾干后直接扦插在土壤中繁殖。也可播种繁殖，发芽温度一般在19~24℃。

# 桃美人

*Pachyphytum cv.MOMOBIJIN*

桃美人原产于墨西哥，现在在世界各地广泛种植，是厚叶草属的栽培品种，是一种不可多得的观叶植物，适合盆栽观赏。

桃美人的叶片很美，在阳光充足且温差大的环境下，会变成粉红色，就像桃子一样美丽动人。倒卵形的叶片对生，长2～4厘米，平滑钝圆，排列成莲座状。夏季会开钟形红色的小花。

# 千代田之松

*Pachyphytum compactum*

千代田之松原产地位于墨西哥伊达尔戈州，是厚叶草属小型多肉植物。该属种类很少，因此很受多肉爱好者的青睐。

千代田之松株高8～10厘米，株幅8～12厘米。叶片长圆形至披针形，呈螺旋桨状向上排列。表面披有白霜，深绿色。其叶片先端急，但边缘有圆角，很独特。叶片上自带的纹路尤为奇特，是少有的叶片带纹路的多肉植物。

# 冬美人

*Pachyveria pachytoides*

冬美人也叫东美人，原产于墨西哥，植株为多年生无毛肉质草本植物，叶形叶色较美，有一定的观赏价值。

冬美人较之桃美人叶片稍长，叶尖稍尖。叶片光滑且有微量白粉，蓝绿色至灰白色。阳光充足的情况下叶片紧密排列，叶片顶端和叶心会轻微粉红，十分美观。花期一般在初夏，为倒钟形的红色花朵。

# 青星美人

*Pachyphytum 'Dr Cornelius'*

青星美人原产于墨西哥中部的圣路易斯波托西州，是厚叶草属的栽培品种，喜温暖、干燥和光照充足的环境，耐旱性强。

青星美人匙形的叶片肥厚细长，疏散地排列为近似莲座的形态，有叶尖。正常情况下叶色翠绿，阳光充足时，紧密排列的叶片边缘和叶尖会发红。青星美人夏季开花，并且花期很长，簇状花序上生长着倒钟状的红色花朵。

# 长生草属
*Sempervivum*

**概述** 长生草属原产于欧洲和非洲北部、美洲及亚洲的高加索地区。该属原种仅40余种。为多年生常绿植物，叶片密集地排列成莲座状。聚伞花序，有白、红、紫等色。花期夏季。

**栽培环境** 喜温暖干燥和阳光充足的环境，耐干旱和半阴。盆栽土壤宜使用肥沃、疏松和排水良好的沙土壤，生长期浇水要适量，否则容易引起根茎腐烂。该属植物不耐低温，冬季要保持较高的温度，如有条件，可以放在温室中栽培。

## 养护指南

**温度** 生长适温为18~22℃，冬季温度不低于5℃。

**光照** 喜光照，也耐半阴，避免强光直射。

**浇水** 该属植物叶片易徒长，因此在生长期要适当浇水，避免因浇水过多而造成叶片快速生长。冬季室温较低时，应严格控制浇水量，保持盆土干燥。

**施肥** 生长期每月施1次稀释饼肥水。施肥过多也易引起叶片徒长，影响美观。

**繁殖** 扦插繁殖。可于春秋季节剪取枝条插入芽床中，3周左右即可生根，经2周移栽上盆。

# 观音莲

*Sempervivum tectorum*

观音莲又叫长生草、观音座莲、佛座莲，原产于西班牙、法国、意大利等欧洲国家的山区，属于高山多肉植物。

观音莲是一种以观叶为主的小型多肉植物，扁平细长的叶片边缘长有小茸毛，前端急尖，叶色富于变化，在充足的光照下，叶缘以及叶尖处会变成非常漂亮的咖啡色或紫红色，非常受"肉肉迷"的喜爱。

# 红卷绢

*Sempervivum arachnoideum 'Rubrum'*

红卷绢又叫大赤卷绢、红蜘蛛网长生草、紫牡丹，原产于欧洲各国的高山地区，是长生草属的一个经典种类。

红卷绢是个"矮胖子"，株幅30厘米，株高仅有8厘米，非常低矮。虽然矮小，但其匙形至倒卵圆形的叶片呈放射状生长，叶端密生白色短茸毛，在冷凉且阳光充足的条件下绿色的叶子会转变成紫红色，非常美观。

# 风车草属
## *Graptopetalum*

**概述**　风车草属原产于美国、墨西哥的高原地区，全属仅有10余种植物，为多年生常绿肉质草本植物，与石莲花属多肉很相似，叶片肉质呈莲座状。春季或夏季开花，花钟状或星状。

**栽培环境**　喜温暖干燥和阳光充足的环境，耐干旱和半阴。不耐寒，多数植物在冬季气温低于5℃的环境下无法生长。宜选用肥沃、疏松和排水良好的沙土壤作为栽培基质。春夏季适度浇水，秋冬季控制浇水。生长期每2个月施肥1次。

## 养护指南

**温度**　生长最佳温度在20～25℃之间，冬季要保持温度在5℃以上。

**光照**　以全日照为主，夏季光照强烈时需适当遮阴。

**浇水**　春夏季节生长期每周浇1次水即可，遵循"干透浇透"的浇水原则，浇水过多或不当易引起植株腐烂。秋冬季节需控制浇水，盆土保持干燥最佳。

**施肥**　生长期每月施1次稀释饼肥水，施肥过程中，要避免液肥洒落叶面，影响美观。

**繁殖**　播种繁殖。可于春夏季节播种繁殖，种子在19~24℃之间最容易发芽。

# 姬胧月

*Graptopetalum.paraguayense*

姬胧月又叫粉莲、宝石花、初霜，原产地位于墨西哥，为多年生草本植物，株型和石莲花属极为相似。

姬胧月匙形至卵圆披针形的叶片呈莲座状，被白粉，正常情况下叶片呈绿色，在日照充足的条件下叶色会转为朱红带褐色，非常美观。星状小花是其独有的特色，黄色的花瓣上披有白蜡，具有一定的观赏价值。

# 白牡丹

*GraptoveriaTitubans*

白牡丹为石莲花属与风车草属的属间杂交品种，是最常见的多肉植物之一，受广大多肉爱好者所青睐。

白牡丹倒卵形的叶片呈灰白至灰绿色，叶片表面披淡淡的白粉，先端急尖，叶尖在阳光下会出现轻微的粉红色。白牡丹呈莲座状排列的白色叶子如白色牡丹花绽放一样美丽。花为歧伞花序，浓黄色的花半开形，花瓣上有红色细点。并且很高，夏季会开白粉色的管状小花。

# 黛比

*Pachyveria pachytoides*

黛比又叫黛比风车莲，原产于墨西哥，是风车草属和石莲花属的属间杂交品种，是一种非常可爱的植物。

黛比是一种非常小巧玲珑的多肉，株高仅有10厘米左右，株幅也不过12厘米。匙形的叶片肉质肥厚，呈莲座状生长，全年叶色皆呈粉红色，具有很高的欣赏价值。花为聚伞花序，所开出的花朵为浅红色。

# 胧月

*Pachyphytum 'Dr Cornelius'*

胧月又叫风车草、初霜，是一种原产于墨西哥的多年生肉质草本植物，也是国内最为常见、最受欢迎的多肉品种。

胧月极易繁殖，匙形或卵圆披针形的叶片掉落即生新植株，株高在20厘米左右。但由于胧月易分株，所以株幅一般不确定。其灰绿色的莲座状植株上会长出聚伞花序，开出的白色花朵呈星状，且花瓣前端有红斑，非常独特、美丽。

# 银波锦属
*Cotyledon*

**概述** 银波锦属原产于非洲东部、南部的沙漠或阴地和阿拉伯半岛，全属仅有植物10种左右，肉质叶丛生或交互对生，多数披白粉，圆锥花序，花管状或钟状，有红、黄和橙色，花期夏季。

---

**栽培环境** 喜温暖干燥和阳光充足的环境，耐干旱。不耐寒，夏季需要凉爽的环境，并注意遮挡强光。宜选用肥沃、疏松和排水良好的沙土壤。不耐水湿，春夏季适度浇水，秋冬季控制浇水。生长期每月施1次肥。

## 养护指南

**温度** 生长适温在18~24℃之间，冬季要保持温度在10℃以上。

**光照** 需要充足的光照，夏季光照强烈时需适当遮阴。

**浇水** 生长期保持盆土湿润即可，不需要过多地浇水。夏季高温干燥时需保持周围空气湿润，

可以向植物周围喷雾保湿，冬季休眠期，盆土宜保持干燥。

**施肥** 生长期每月施1次肥，常用稀释饼肥水。

**繁殖** 扦插繁殖。可以在早春和深秋时期剪取长5厘米左右、带6~7片叶的充实顶端枝条，插于沙床繁殖，保持室温在18~22℃。

# 熊童子

*Cotyledon tomentosa*

　　熊童子原产于非洲的纳米比亚地区，多年生肉质草本植物，喜阳光充足、通风良好的环境，是一种非常可爱的多肉植物。

　　熊童子的叶子很像小熊的爪子，绿色的叶片密生着白色茸毛，下部全缘、顶部叶缘的缺刻处生有褐色齿，非常可爱。圆锥花序长达20厘米，红色的筒状小花呈下垂状。熊童子株型不大，分枝繁多，给人优雅秀气的感觉，有一种独特美。

# 福娘

*Cotyledon orbiculata var.dinteri*

　　福娘又叫丁氏轮回，原产于安哥拉、纳米比亚和南非，肉质灌木，叶形叶色较为独特，有一定的观赏价值。

　　福娘的株型较大，高度可达到1米，株幅也有50厘米。灰绿色的叶片呈扁棒状，表面披有白粉，叶尖和边缘紫红色。顶生红色或淡黄色的管状小花。在凉爽通风、日照充足的环境中，福娘有着饱满美丽的身姿，甚是迷人。

# 银波锦

*Cotyledon undulata*

　　银波锦原产于安哥拉、纳米比亚、南非，为多年生常绿亚灌木，但因栽培较困难，所以是一个很少见的品种。

　　银波锦的株高和株幅几乎一样，都在50厘米左右，体型比较匀称。直立的茎很粗壮，倒卵形的叶片对生，边缘呈波浪状。虽然叶片主体呈绿色，但密披着白色蜡质，视觉层次感更丰富。花筒状，橙色或淡红黄色。

# 熊童子锦

*Cotyledon tomentosa f.vaviegata*

　　熊童子锦是熊童子的斑锦品种，为多年生肉质植物，其基部木质化，叶色艳丽，具有一定的观赏价值。

　　熊童子锦株高15～30厘米，株幅12～15厘米，倒卵形的叶片肥厚，灰绿色，带有黄色斑块，叶片上密生细短的白毛，圆锥花序，花管状，红色。

# 十二卷属

*Haworthia*

**概述**　十二卷属原产于斯威士兰、莫桑比克和南非的低地或山坡，在国内曾有"瓦苇属"之称，全属约有植物150种，无茎或有短颈，是一类比较矮小的多肉植物。

**栽培环境**　栽培基质可用营养土、粗沙等的混合土壤加入些许骨粉配制。喜温暖、干燥和阳光充足的环境。夏季温度不能过高，冬季不耐严寒，温度应保持在10℃以上。浇水要适量，生长期保持盆土湿润，冬季和夏季半休眠期严格控水。

## 养护指南

**温度**　19~22℃最适宜生长，冬季温度不低于10℃。

**光照**　生长期需要明亮、充足的光照来保持叶片的美观。

**浇水**　生长期适量浇水，保持盆土湿润，夏季高温期处于半休眠状态时，盆土宜干燥，冬季低温期严格控制浇水。

**施肥**　生长期每月施1次稀释饼肥水。

**繁殖**　扦插繁殖。可于春末夏初时剪下健康的叶片，待切口稍晾干后直接扦插在土壤中繁殖即可。

# 玉露

*Echeveria 'Takasagonookina'*

玉露原产于南非，是十二卷属多肉植物中典型的"软叶系"品种，喜凉爽的半阴环境，在世界多地都可栽培。

玉露是一种小巧玲珑的多肉植物，翠绿色的叶片紧密地排列成莲座状，较顶端的部分呈半透明状，非常晶莹剔透，深色的线状脉纹在阳光较为充足的条件下会转变成褐色，非常迷人，是近几年人气较旺的小型多肉。

# 姬玉露

*Haworthia cooperi var.truncata*

姬玉露原产于南非，是玉露的小型变种，多年生肉质草本植物，因其上部呈透明或半透明状，也被称为"有窗植物"。

姬玉露是一种小巧可爱的多肉植物，株高和株幅相差无几，身材很匀称。亮绿色的肉质叶片呈舟形，像玻璃一样透明的顶部呈圆头状，使错落有致的绿色脉纹清晰可见，这种独特的造型使得姬玉露很受欢迎。

# 九轮塔

*Haworthia reinwardtii var. Chalwini*

九轮塔又叫霜百合，是一种原产于南非的圆柱状多肉，多年生常绿草本植物，耐干旱，但不耐阴也不耐寒。

九轮塔的茎非常短，并且不会向高处生长。肥厚的叶片向内侧弯曲，先端急尖，呈螺旋状排列。叶片平时为绿色，在阳光下会变成紫红色，叶背大而白的疣点纵向排列，很有特色。

# 玉扇

*Haworthia truncata*

　　玉扇又叫截形十二卷，原产于南非，是一种长方形厚叶多肉植物，也是十二卷属中较为难养的品种。

　　玉扇的形态很奇特，淡蓝灰色的长圆形叶片排列成两列，直立稍向内弯，顶部是稍凹陷的褐绿色截面。表面较为粗糙，有小疣状突起，有些叶片截面上有灰白色透明状花纹的品种更为美丽。花为总状花序，白色呈筒状。

# 条纹十二卷

*Haworthia fasciata*

条纹十二卷又叫锦鸡尾、条纹蛇尾兰、十二之卷，原产于非洲南部的干旱地区，多年生肉质草本。

条纹十二卷的色彩对比很明显，三角状披针形的叶片呈深绿色，凸起的龙骨状叶背有较大的白色瘤状突起，排列成横条纹，具有很高的观赏价值。花为较长的总状花序，筒状至漏斗状的白色小花中肋带有红褐色。

# 水晶掌

*Haworthia cymbiformis var.t*

水晶掌又叫库氏十二卷，原产地位于南非，多年生肉质草本植物，叶形叶色较美，是一种常见的多肉植物。

水晶掌的外形酷似莲花，小巧玲珑很美丽。翠绿色的肉质叶呈莲座状排列，半透明的叶片给人一种晶莹剔透的明亮感，叶面有暗褐色条纹，中间有褐色、青色的斑块，边缘还生长着锯齿，很有韵味。

# 琉璃殿

*Echeveria peacockii*

琉璃殿又叫旋叶鹰爪草，原产南非德兰士瓦省，在我国多有栽培，是一种叶表呈瓦屋状的多肉植物。

琉璃殿最为特殊的是叶盘排列和叶面横生的疣突。莲座状的叶盘上有20枚左右的卵圆形叶片，其正面凹，背面圆凸，呈螺旋状地向同一个方向排列，酷似风车。深绿色的叶背上有绿色的小疣点组成的瓦棱状横条纹，有一种特别的美感。

# 风车

*Echeveria runyonii*

风车又叫八大龙王，是一种原产于南非的多年生肉质草本植物，是十二卷属中较为特殊的一种植物。

风车的整体株型呈扁宽状，和纸折的玩具风车很像。其株幅可达到30厘米，而株高仅有10厘米。三角形剑状的叶片很坚硬，基部宽厚先端渐尖，叶面光滑呈绿色，且没有小疣点。花为总状花序，开白色筒状花朵。

# 生石花属

*Lithops*

**概述**　生石花属原产于南非和纳米比亚，植株矮小，是一种几乎无茎的多年生肉质草本，有两片对生的肉质叶，顶端平坦，中央有裂缝，花朵从裂缝中开出。被誉为"有生命的石头"。

**栽培环境**　多产于纳米比亚和南非的岩缝中，半沙漠地区也多有分布。喜温暖和阳光充足的环境。不耐寒，冬季的温度应保持在12℃以上。初夏秋末这段时间内，温度较高，空气干燥，需充分浇水，冬春季节以干燥为主。生长期每月施1次肥。

## 养护指南

**温度**　20℃左右的温度最适宜生长，冬季温度不低于12℃。

**光照**　给予适宜的光照，夏季光照过强时需适当遮阴，冬季温度较低时，应保持充足的光照。

**浇水**　生长期盆土不能过湿，保持微湿润即可，避免长青苔。夏季高温、日照强烈时少浇水，冬季盆土保持干燥。

**施肥**　生长期每月施1次肥，秋季开花后暂停施肥。

**繁殖**　扦插繁殖。可在初夏选取充实的球状叶进行扦插繁殖。

# 露美玉

*Aeonium tabuliforme f.cristata*

露美玉又叫富贵玉，原产于南非开普省，番杏科生石花属植物，体型如石头，开出花来好像从石缝里钻出来，被人们称为"石头花"。

露美玉是一种多年生小型多肉植物，没有或有很短的茎，顶部比较平坦，对生的叶片联结而成倒圆锥体，酷似一个小陀螺。侧面灰色中带黄褐色，顶面红、紫褐色，弯曲的树枝状条纹格外显眼。开出的黄花是生石花属中最大的。

# 日轮玉

*Aeonium arboreum cv. Atropurpureum*

日轮玉原产南非德兰士瓦省，其淡红色至褐色的外表搭配顶面上的条纹，就如同太阳的光线一般，因此被称作日轮玉。

日轮玉是一种非常美丽的多肉，尤其是顶面上下凹的花纹，深浅不一，错落有致，观赏性很强。卵状对生的叶片之间差异也较大，但总基调以褐色为主。夹缝中会开出雏菊状的黄色花朵，是一种习性强健的生石花。

# 芦荟属

*Sedum L.*

**概述**　芦荟属原产于热带沙漠气候地区，全属约有300种植物，多为莲座状的常绿多年生草本，另有少量的灌木状和乔木状植物。本属植物茎短，顶端和边缘生有小齿。

**栽培环境**　芦荟属的植物多生长于热带沙漠气候区，高温少雨的环境使植物养成了喜温暖、干燥和阳光充足的习性，而且不耐寒冷，冬季的气温需要保持在10℃以上，但是耐干旱和半阴。虽然喜光照，但是要避免强光直射，夏季光照强烈时需遮阴。

## 养护指南

**温度**　冬季温度保持在10℃以上。

**光照**　需要给予充足的光照，但夏季仍需要稍稍遮阴。

**浇水**　生长期多浇水，盆土保持湿润，天气干燥时向叶面喷水，冬季减少浇水，保持盆土干燥，夏季高温休眠期控制浇水。

**施肥**　全年施2~3次肥，可以用稀释饼肥水。

**繁殖**　扦插繁殖。可在5~6月份从植株顶端剪取10~15厘米长的茎，晾干后插入培养基质中繁殖即可。

# 库拉索芦荟

*Crassula conjuncta*

库拉索芦荟原产于非洲北部地区，为多年生肉质草本植物，不仅具有一定的观赏价值，而且还有药用价值。

库拉索芦荟几乎没有茎，披针形的叶片呈莲座状排列，基部较宽，越往上越窄，顶部有急尖。叶色以灰绿色为主，叶缘着生粉红色肉齿，叶面向下凹陷，像一条窄小的沟。开出的花朵为黄色呈管状小花，非常美观。

# 绫锦

*Crassula oblique 'Gollum'*

绫锦又叫波路，原产地位于南非，为多年生肉质草本植物，属中间型种的多肉植物。常在春季换盆，换盆时需剪去过长须根。

绫锦是一种比较矮小的植物，株幅一般在30厘米左右，株高仅有10厘米。绫锦还是一种浑身长刺的植物，其肉质披针形的叶片上有许多白色小斑点和软刺，叶缘也着生细锯齿。植株顶生有圆锥花序，筒状花为橙红色，有一定观赏价值。

# 翡翠殿

*Crassula ouata*

翡翠殿原产于南非，是一种很容易栽培的多年生肉质草本植物，因其小巧秀丽，适宜家庭栽培，成为近年来迅速普及的芦荟属新品种。

翡翠殿是一种比较小巧的植物，株高仅有35厘米左右，株幅20厘米。互生的三角形叶片螺旋状地排列于茎顶，先端急尖，两面皆具有白色斑纹，叶缘着生白色齿，形态比较美观。总状花序上的淡粉色小花带有绿尖，非常奇特有趣。

# 不夜城

*Crassula lycopodioides var.pseudolycopodiiioides*

不夜城又叫不夜城芦荟、高尚芦荟、大翠盘等，是一种原产于南非的多年生肉质植物，现在世界多地均有栽培。

不夜城粗壮的茎呈直立状或匍匐状，茎上生着莲座状的叶丛。其浅绿色的肥厚叶片呈卵圆披针形，叶缘四周长有白色的肉齿。冬末至早春为不夜城的开花期，花为总状花序，深红色的筒状花非常美丽。

# 千里光属
*Senecio*

**概述**　千里光属原产于南非、非洲北部、印度中部和墨西哥，全属约有植物1000种，多为直立或匍匐的草本植物，多数株高在30厘米以下，叶片形状差异较大，头状花序，花有红、黄、白色。

**栽培环境**　喜温暖干燥和阳光充足的环境，耐干旱。不耐寒，冬季气温应保持在8℃以上。宜选择肥沃、疏松和排水良好的沙土壤作为栽培基质。夏季温度过高时要注意降温。不耐水湿，生长期适度浇水，大多数种类夏季会进入休眠期，应控制浇水量。

## 养护指南

**温度**　生长最佳温度为15~20℃，冬季温度不低于8℃。

**光照**　夏季温度较高、光照较强时要适当遮阴。

**浇水**　非常耐旱，刚栽后不需要多浇水，生长期适度浇水，仅需保持盆土湿润即可。夏季植株处于休眠或半休眠状态时，盆土宜以干燥为主，应严格控水。

**施肥**　生长期每月施1次稀释饼肥水。

**繁殖**　扦插繁殖。可在春秋季节剪取健康的茎段，等到剪口晾干后插入沙床中并保持土壤稍湿润，半个月后，茎节生根后盆栽即可。

# 珍珠吊兰

*Crassula oblique 'Gollum'*

　　珍珠吊兰又叫翡翠珠、绿之铃、念珠掌，原产于非洲南部，为多年生肉质草本，是一种非常常见的多肉植物。

　　珍珠吊兰淡绿色至深绿色的叶片很像一颗颗念珠，个头不大，上游微尖的刺凸起，植株开白色的小花。珍珠吊兰是一种很适合垂悬种植的植物，一串串饱满翠绿的叶子像风铃一般，在微风中轻抚荡漾，给人一种无限的美感。

# 紫章

*Crassula conjuncta*

　　紫章又叫紫龙、紫蛮刀、鱼尾冠、鱼尾菊，是一种原产于马达加斯加的多年生肉质植物，茎叶美观，有一定的欣赏价值。

　　紫章是一种很有欣赏价值的多肉植物，其倒卵形的叶片呈青绿色，稍披白粉，叶缘呈紫色，非常美丽。紫章的身材较好，株高50~80厘米，株幅30厘米，高矮的比例恰到好处，且植株顶生头状花序，群生的小花呈黄色或朱红色，也很美观。

# 星球属
*Astrophytum*

**概述**　星球属的植物因酷似星星，又被称为星类仙人掌，原产于墨西哥，是一种生长很缓慢的多年生仙人掌。茎部多为球形或半球形，有棱和绵毛状刺座。漏斗状的花单生，昼开夜闭。

**栽培环境**　喜温暖和阳光充足的环境，非常耐干旱。不耐寒，冬季气温应保持在5℃以上。宜选择肥沃、疏松和排水良好且含有石灰质的沙土壤作为栽培基质。怕强光曝晒，夏季需遮阴。生长季节每月浇2次水，秋冬季节保持盆土干燥。

## 养护指南

**温度**　生长最佳温度为18~25℃，冬季温度不低于5℃。

**光照**　喜光照，生长期要有充足的阳光。

**浇水**　生长期每月浇2~3次水，盆土保持一定的湿度。秋冬季节要控制浇水，盆土以干燥为主，宁干勿湿。

**施肥**　生长期每月施1次肥。

**繁殖**　播种或嫁接繁殖均可。可于早春播种繁殖，发芽室温为21℃。也可以用量天尺做砧木进行嫁接繁殖。

# 般若

*Cotyledon undulata*

　　般若又叫美丽星球，原产地位于墨西哥的伊达尔戈和克雷塔罗州，也是一种较为常见的星球属仙人掌植物。

　　般若是一种刺座上生着褐色或黄色刺的植物，每个刺座上的刺有5～8枚，且有中刺一枚，刺座皆生在植株8条左右的棱上。青灰绿色的表面大部分被绵毛状鳞片覆盖，使人既不忍直视，也充满新奇感。花为漏斗状黄色小花。

# 鸾凤玉

*Cotyledon tomentosa f.vaviegata*

　　鸾凤玉又叫主教帽子、多柱头星球，原产于墨西哥东北部，可以进行一定的属间杂交，是星球属的著名代表种。

　　鸾凤玉初生时植株呈球形，随着植株变老逐渐长成细长的筒形。株体上生有4～8条棱，棱上着生有褐色绵毛但无刺的刺座。植株整体呈青绿色，并布满白色的星点，比较有特色。黄色红心的花呈漏斗状，非常美丽。

# CHAPTER 3
# 完美"邂逅"在混栽中开始

　　被美丽的多肉迷住，那就赶紧来混栽吧！本章为大家精心准备了各种多肉DIY，简单易做，萌茁可爱，很值得大家尝试。在制作过程中，肉肉迷们不仅可以更好地了解多肉，还可以充分发挥想象力，创作出更有新意的作品，与肉肉们来一场完美"邂逅"。

# 品味自然
## 来一顿美味多肉饭

## 操作步骤

1. 准备多肉与容器。先在容器底部铺置一层陶粒，高度约为容器高度的三分之一。

2. 然后放入混合好的培养土至容器高度的九分满处。

3. 用铲子挖坑，镊子作辅助，从容器一端开始，依次将多肉植入土壤中。

## 创意灵感

家用的小铁盆，不用来盛水盛饭而装载多肉，满溢的多肉质感鲜嫩，色泽极佳，充斥着一股沁人心脾、清新自然之感。来一顿美味的多肉饭，品味来自大自然的馈赠。

## 栽培与TIPS

| [ 材料 ] | [ 工具 ] |
|---|---|
| 陶粒 | 铲子 |
| 培养土 | 注水器 |
| 黄金石 | 橡胶气吹 |

**TIPS 1** 较浅的容器适合搭配低矮的多肉，建议以莲座状和小型仙人掌多肉为主。

**TIPS 2** 容器后方以高耸的多肉作背景，盆栽整体会更有立体感。

## 品种搭配与养护

| 玉扇 | 观音莲 | 白鸟 | 初恋 |
|---|---|---|---|
|  |  |  |  |
| 三角大戟 | 不夜城 | 霜之朝 | 黄丽 |
| |  | |  |
| 大和锦 | 黄雪光 | 弯凤玉 | 白云锦 |
|  |  |  | |

[ 养护 ]

1. 置于明亮通风处，保持充足的光照。多肉植物比较容易拥挤，可能会出现腐烂，应注意及时更换新植株。

2. 约两周注一次水，每次给水量约占整体介质的1/5，保持土壤湿润。

4. 以黄金石铺面装饰，用铲子将其铺置平整，并保证植物根系稳固。

5. 然后可用橡胶气吹将落于多肉植株上的灰尘清理干净。

6. 用注水器沿着多肉空隙处适量补给水分即可。

# 私藏珍宝

生石花珠宝盒

## 操作步骤

1. 准备多肉与容器。首先应对生石花的根系进行一定的疏剪整理，避免根系杂乱，方便种植。

2. 在容器底部放入少量的小碎石，以刚好能遮盖住底面最佳。

3. 然后放入调配好的培养土，高度约至容器的九分满处。

## 创意灵感

独特的石头状外形，有着无限的灵气，栽培在古朴沧桑的珠宝盒中，细致的色泽、独特的花纹与珠宝盒的色彩、质感相得益彰，美丽而又典雅。这样一份生石花珍宝，值得私藏欣赏。

## 栽培与TIPS

[材料]

培养土
小碎石

[工具]

镊子
橡胶气吹

生石花形态独特，不适合与其他多肉搭配，建议单值。

将顶面颜色不同的生石花掺杂着种植，整体感觉更美观。

## 品种搭配与养护

生石花

[养护]

1. 生石花不喜高温潮湿的环境，需要强烈的紫外线，但温度不能超过28℃，适合放在能接受强光的冷气房窗边。
2. 初夏至秋末需充分浇水，其余时间保持干燥。

4. 用镊子夹住生石花根系稍上的位置，将其塞入容器中的土壤中并固定好。

5. 依照步骤4的方法，将其他生石花依次植入土壤中。

6. 最后用橡胶气吹清理一下植物上着落的灰尘即可。

# 魅力三肉行

## 淡雅文艺半其中

## 操 作 步 骤

1. 准备好工具和多肉，先在容器底部放置一层陶粒，然后放入准备好的培养土，高度至容器的九分满处。

2. 用铲子在容器正中挖出一个小坑，将多肉植物小心植入其中。

3. 用一只手捏住植物，使其向容器的一侧稍倾斜，然后另一只手将黄金石沿着空隙处置入容器内。

## 创意灵感

同样的小小铁杯中各种植一棵美丽的多肉，然后将它们放在同一铁托中，无论摆放在哪里，独具魅力的三棵肉肉皆在一起，始终会给人一种无法抗拒的淡雅文艺范儿。

## 栽培与TIPS

| [材料] | [工具] |
|---|---|
| 陶粒 | 铲子 |
| 培养土 | 注水器 |
| 黄金石 | 橡胶气吹 |

 多肉植株的大小要与容器口的大小保持一致。

 外形相似的多肉组合在一起，在视觉效果上更加和谐美观。

## 品种搭配与养护

蓝石莲

露娜莲

花月

[养护]

1. 莲座状多肉如蓝石莲等光照不足易徒长，建议放置在阳光充足处。
2. 景天科多肉如露娜莲等叶面所披的白粉具有不可再生性，因此浇水时应用注水器小心注水，以免叶片受损，影响美观。

4.用橡胶气吹将在种植过程中落在多肉上的灰尘清洁干净。

5. 用注水器沿着容器的边缘给多肉注入一定量的水分，使土壤微湿润。

6. 重复步骤1~5，在其他两个容器中植入多肉，然后将容器放在一起即可。

# 厨房神器

## 盛装美味多肉饭

## 操作步骤

1. 准备好容器和多肉，先在容器底部铺置一层蛭石，高度约为容器的1/4，以增强透气性。

2. 然后放入准备好的培养土至容器高度的九分满处。

3. 用镊子辅助操作，将植株较大的多肉种植在容器一侧，然后依次将其他植物植入容器中。

## 创意灵感

厨房里只放些锅碗瓢盆，看上去难免略显单调。随手可得的白色碟子很适合作为多肉的盆器。形色各异的多肉，再配上类似炒饭的黄金石，就像丰富的菜肴一样美味。

## 栽培与TIPS

| [ 材料 ] | [ 工具 ] |
| --- | --- |
| 陶粒 | 镊子 |
| 培养土 | 注水器 |
| 黄金石 | 橡胶气吹 |

 **TIPS 1** 为了栽培方便，建议先将株型较高大的多肉植物种植在容器一侧。

 **TIPS 2** 选取株高不同的多肉进行组合搭配，层次感更佳。

## 品种搭配与养护

| 子持年华 | 康平寿 | 唐印 | 玉扇 |
| --- | --- | --- | --- |
|  |  |  |  |

| 子宝 | 水晶掌 | 条纹十二卷 | 翡翠柱 |
| --- | --- | --- | --- |
|  |  |  |  |

[ 养护 ]

1. 置于室内明亮通风处，约两周浇水1次，每次浇水量约占整体介质体积的1/5左右。
2. 由于植物多且密，因此应及时进行修剪整理，以免植物腐烂并相互传染。

4.在植物之间的空隙处填充黄金石作铺面装饰，并能增强土壤的透气性。

5.接着用橡胶气吹将多肉植物上的灰尘清理干净。

6.最后用注水器沿着缝隙处注入适量的水分即可。

# 独居也美好

### 银手指的从容惬意

## 操作步骤

1. 准备好容器和多肉。先用电钻在容器底部正中处钻一个小孔以利于排水，然后在小孔上铺置一块铁丝网以防止土壤外泄。

2. 接着在容器底部放入少量陶粒，然后再放入准备好的培养土至容器高度的九分满处。

3. 用镊子辅助操作，依次将多肉植物种植在容器的土壤内。

## 创意灵感

不将可爱的银手指与其他多肉搭配，而将其单独种植，灰黑色的容器将银手指绿色的身体和白色的短刺衬托得淋漓尽致，虽然只有独居的自己，但依然让人感到从容惬意，美不胜收。

## 栽培与TIPS

| [材料] | [工具] |
| --- | --- |
| 陶粒 | 铲子、镊子 |
| 培养土 | 注水器 |
| 黄金石 | 橡胶气吹 |

此盆栽中的银手指单独种植更具美感，不建议用其他多肉与之搭配。

将多肉集中在容器的中间位置上，视觉效果更佳。

## 品种搭配与养护

银手指

[养护]

1. 每隔2~3周浇1次水，遵循浇则浇透的原则。浇水量不宜过多，否则易引发病虫害和根部腐烂，冬季减少浇水。
2. 银手指怕冷，冬季宜放在温度不低于5℃的室内养护。

4. 沿着容器边缘的空隙处填充黄金石作为装饰，并用铲子将其铺置平整。

5. 将在种植过程中落在多肉植物上的灰尘用橡胶气吹清洁干净。

6. 沿着容器的边缘空隙处用注水器给土壤补充水分，保持土壤微湿润。

# 创意调配

## 趣味多肉烧杯

## 操作步骤

1. 准备好多肉植物和容器。容器可以选择烧杯，大小随个人喜好而定，建议大小烧杯搭配使用。

2. 先在容器底部铺置一层轻石，然后放入少量黄金石，接着再放入准备好的培养土。

3. 用铲子挖坑，将多肉植物塞入，并用沙土覆盖好其根系。

## 创意灵感

曾装过实验室内各色药剂的烧杯，换装植入形色各异的多肉，透明的杯身不仅方便人们欣赏多肉的细节与美丽，再配合杯身上的刻度，让种植者能测量植物身高，尽享观察趣味。

## 栽培与TIPS

| [材料] | [工具] |
| --- | --- |
| 轻石 | 铲子 |
| 黄金石 | 注水器 |
| 培养土 | 橡胶气吹 |
| 珍珠岩 | |

 因植物须完全没入杯中，所以植物不能太过宽大。

 建议选用莲座状多肉如千佛手等与烧杯搭配，更有美感。

## 品种搭配与养护

千佛手          瓦松

[养护]

1. 千佛手不耐寒，冬季的气温应保持在5℃以上。
2. 置于室内明亮通风处欣赏、养护，约半个月浇水1次，每次浇水量占整体介质的1/5左右。

4.然后沿杯口放入少量珍珠岩，作为铺面装饰，增强美感。

5.用橡胶气吹吹掉植物上的灰尘，保持植物的清洁和美观。

6.用注水器适量注水，并重复步骤1~5，种植另一个烧杯内的植物。

# 自然温馨

## 竹筐里的多肉世界

## 操作步骤

1. 准备好容器和多肉，可以先在容器底部铺置一层陶粒，以增强透气性并便于排水。

2. 然后放入准备好的培养土至容器高度的九分满处。

3. 用铲子将较大的多肉种植在容器的左侧，然后按从左至右的顺序依次将多肉种好。

## 创意灵感

家用的长形竹筐与多肉搭配是一个很好的选择。大小不同、色彩各异的多肉与色泽古朴典雅的竹筐筑成了一个美丽而又多样的竹筐多肉小世界，自然温馨感十足。

## 栽培与TIPS

[ 材料 ]

陶粒
培养土
黄金石

[ 工具 ]

铲子
注水器
橡胶气吹

**TIPS 1** 容器内的植物不需太满太挤，"留白"的做法反而更有聚焦效果。

**TIPS 2** 浅容器适合搭配株型低矮的多肉，建议以莲座状多肉为主。

## 品种搭配与养护

| 蓝石莲 | 丽娜莲 | 大和锦 | 露娜莲 |
|---|---|---|---|

| 紫珍珠 | 瓦松 | 山地玫瑰 | 火祭 |
|---|---|---|---|

[ 养护 ]

1. 莲座状多肉植物光照不足容易徒长，建议放置在阳光充足处，或用断水法抑制其生长。

2. 叶子会变色的多肉，阳光越充足，颜色才会越鲜艳。

4. 以黄金石铺面装饰，营造一种良好的视觉效果。

5. 然后用橡胶气吹将多肉植物上的灰尘清理干净。

6. 用注水器沿着容器边缘给多肉及土壤适量注水。

# 靓丽典雅

### 精致的多肉鸟笼

## 操作步骤

1. 准备好工具和多肉。先将干水苔放入桶中，然后放水，让水苔浸泡一会儿，充分吸收水分。

2. 将浸泡过的水苔从桶中取出，并挤掉大部分水分，放在干净处待用。

3. 将刚刚加工制作好的水苔放入容器底部，约至容器高度的四分之一处即可。

## 创意灵感

精致的笼子里种上多肉，给人一种新颖清爽的感觉。随着时间的推移，多肉会冲破笼子的束缚，姿态优美的多肉会从笼中带给人眼眸的靓丽感觉和内心的典雅享受。

## 栽培与TIPS

[ 材料 ]

水苔

[ 工具 ]

镊子
橡胶气吹

 **TIPS 1** 高矮多肉的搭配能避免盆栽的空洞感，增强立体感和美感。

 **TIPS 2** 建议将最高的多肉最后种植，以防在种植其他多肉时因受损而影响美观。

## 品种搭配与养护

 花月夜　 大和锦　 斑叶球兰

 玉吊钟锦　 八千代　 翡翠柱

[ 养护 ]

1. 给水时可将容器的水苔部分浸泡在水里，待水苔充分吸水后拿出。

2. 水苔具有良好的蓄水性，总是保持湿润状态容易造成多肉根部腐烂，待水苔彻底干燥后给水最好。

4. 然后用镊子辅助操作，依次将多肉植物的根部塞入水苔之中并将其固定好。

5. 用橡胶气吹吹掉植物上的灰尘，以保持植物的清洁和美观。

6. 将容器的盖子盖上并卡住，然后将容器悬挂在需要的地方即可。

# 随风摇曳

## 浪漫的多肉玻璃瓶

## 操作步骤

1. 准备好多肉植物和容器。容器可以选择两个一样的可以悬挂的玻璃瓶。

2. 从玻璃瓶的小孔中，向玻璃瓶内放入适量的珍珠岩，约占容器总体积的1/5即可。

3. 然后用镊子辅助操作，将多肉植物依次小心地植入容器中。

## 创意灵感

装有多肉的玻璃瓶，给人一种新奇感。将它们悬挂在阳光充足的庭院中，清风吹来，玻璃瓶随风摇曳，多肉也随之摇摆舞动，一幅自由浪漫的画面，让人回味无穷。

## 栽培与TIPS

| [材料] | [工具] |
|---|---|
| 珍珠岩 | 镊子 |
| | 注水器 |
| | 橡胶气吹 |

 **TIPS 1** 每一个瓶内的多肉植物都应该高矮搭配使用，以增强观赏效果。

 **TIPS 2** 植物不能太多，要尽量营造出一种明亮清新的感觉。

## 品种搭配与养护

紫珍珠

银手指

玉吊钟

神童

[养护]

1. 置于室外明亮、通风处，约两周给水一次，每次给水量约占整体介质体积的1/5左右。

2. 放于阳光充足处养护，夏季忌高温和强光直射。

4. 植物全部种好后，可以用橡胶气吹将植物表面的灰尘清理干净。

5. 然后用注水器小心地向瓶内注水，使土壤保持微湿润。

6. 用同样的方法将另一个玻璃瓶内的多肉种植好即可。

# 纵想清凉

## 清新多肉草帽

## 操作步骤

1. 准备多肉与容器。可以在选择的草帽上编制一个把手，以方便移动此盆景。

2. 然后向草帽中放入调制好的培养土，约至草帽中心到边缘的中间位置处。

3. 用镊子辅助操作，将多肉植物植入草帽的土壤中，并固定好。

## 创意灵感

纯白色的小草帽给人一种清凉的感觉，与萌萌的、可爱的多肉搭配，立刻就会体现出一种小清新的感觉。在酷暑难耐的夏天，让清新的多肉小草帽陪伴，可以纵享夏日里的清凉。

## 栽培与TIPS

| [ 材料 ] | [ 工具 ] |
| --- | --- |
| 培养土 | 镊子 |
| | 注水器 |
| | 橡胶气吹 |

 莲座状的植物与草帽搭配更能体现小清新的感觉。

 草帽中的土不能过多，多肉植物将土盖严会更有美感。

## 品种搭配与养护

蓝石莲　　　大和锦　　　丽娜莲　　　露娜莲

花月夜　　　白牡丹　　　八千代　　　紫珍珠

红稚莲　　　黑王子

[ 养护 ]

1. 置于明亮通风处，保持充足的光照。多肉植物容易拥挤，可能会出现腐烂，应注意及时更换新植株。

2. 景天科莲座状多肉光照不足易徒长，应放置在阳光充足处养护。

4. 用同样的方法，按事先安排好的位置依次将其他多肉植物植入草帽中。

5. 然后用橡胶气吹将落于多肉植株上的灰尘清理干净，保持植株的整洁美观。

6. 用注水器沿着多肉空隙处补给一定量的水分即可。

# 感受生命之美

### 多肉的破壳新生

## 操作步骤

1. 准备好容器、工具和多肉，先将干水苔放入桶中，并加入适量的水浸泡，使水苔充分吸水。

2. 水苔充分吸水后，将其取出，并挤掉大部分水分，放在干净处待用。

3. 在容器底部的小孔上放置一小块铁丝网，使其将小孔完全覆盖，防止水苔漏出。

## 创意灵感

在蛋壳里生长的多肉，就像是刚刚奋力冲破蛋壳的小宝宝，娇小可爱，获得了新的生命。铁盘中的水苔与蛋壳搭配，也形似鸟巢与蛋的依偎，传递出一种令人感动的生命之美。

## 栽培与TIPS

| [ 材料 ] | [ 工具 ] |
|---|---|
| 水苔 | 镊子 |
| 蛋壳 | 水桶 |
| 铁丝网 | 橡胶气吹 |

 **TIPS 1** 鸡蛋壳非常小，建议选择生长速度较慢的一些品种。

 **TIPS 2** 景天科石莲花属呈美丽莲花状且生长不快，是很好的选择。

## 品种搭配与养护

| 虹之玉 | 黄丽 | 大和锦 | 初恋 |
|---|---|---|---|
|  |  |  |  |

| 白牡丹 | 紫美人 | 丽娜莲 |
|---|---|---|
|  |  |  |

[ 养护 ]

1. 生长季需要频繁浇水，天气晴朗时可2~3天浇1次水。由于蛋壳较小，每次可用固定量的浇水方式。
2. 放在户外通风良好处养护，可以减缓肉肉的生长速度。

4. 然后放入加工好的水苔，使水苔正好填充满容器的圆形凹陷处。

5. 向清理过的蛋壳中塞入准备好的水苔，然后用镊子将多肉植入蛋壳中。

6. 将种上多肉的蛋壳放在置有水苔的容器上，并用橡胶气吹清掉植株上的灰尘。

# 层次错落

## 多肉热带雨林

## 操作步骤

1. 准备好多肉与容器。由于容器底部有孔洞，因此，必须先在孔洞上放一小块铁丝网，以防止漏土。

2. 在铁丝网上铺置一层陶粒，高度约为容器凹陷处高度的一半左右。

3. 然后放入准备好的培养土至容器凹陷处的九分满处。

## 创意灵感

作品中的品种非常丰富，把不同形状、高矮、胖瘦的多肉结合在一起，与被雨水锈蚀的容器搭配，整个盆栽就像是一个茂密丰盛、层次错落的"热带雨林"，充满无限美感。

## 栽培与TIPS

[ 材料 ]

陶粒
培养土
黄金石
铁丝网

[ 工具 ]

镊子
橡胶气吹

 **TIPS 1** 以各式各样不同形状、颜色的多肉品种搭配。

 **TIPS 2** 会变色多肉放在阳光充足处更有色彩效果。

## 品种搭配与养护

玉露 　水晶宝草 　玉扇 　火祭

虹之玉 　斑叶球兰 　鹰爪 　子持年华

天狗之舞 　唐印

[ 养护 ]

1. 铁器下有原始的孔洞，排水效果较好，因此，浇水时可以充分浇足。

2. 宝草宜放置于明亮但无阳光直射处，处于休眠状态时应控制浇水，冬季低温时要注意霜害。

4.用镊子辅助操作，依次将多肉植物植入容器的土壤中。

5. 在容器边缘和植物间的空隙处填充黄金石作装饰。

6. 用橡胶气吹清理植物上的灰尘，保持植物的清洁美观即可。

# 妙趣横生

## 多肉迷你花园

## 操作步骤

1. 准备多肉与容器。可以用电钻在容器底部
正中处钻一个小孔，以利于排水。然后在
小孔上放一小块铁丝网，防止土壤外漏。

2. 先在容器底部放入适量的陶粒，然后放入
培养土至容器的九分满处。

3. 用铲子挖坑，将较高的金钱木种在容器的
一侧，然后依次将其他多肉植入容器中。

## 创意灵感

作品里使用了非常多的品种，把形似花朵的莲座状景天科多肉集中种植在一起，再搭配金钱木等较高的植物，就能够演绎出种类丰盛、妙趣横生的"小花园"，阳光下变色的多肉会更增情趣。

## 栽培与TIPS

[ 材料 ]

陶粒
培养土
黄金石
铁丝网

[ 工具 ]

铲子
注水器
橡胶气吹

 **TIPS 1** 把耸立的金钱木和三角大戟作为容器的视觉延伸，跳脱了容器本身的框架。

 **TIPS 2** 容器的主体部分建议用莲座状多肉，更有花的感觉。

## 品种搭配与养护

| 蓝石莲 | 八千代 | 黄丽 | 黑王子 |
|---|---|---|---|
|  |  |  |  |
| 白牡丹 | 观音莲 | 紫珍珠 | 金钱木 |
|  |  |  |  |
| 火祭 | 大和锦 | 三角大戟 | |
|  |  |  | |

[ 养护 ]

1. 建议放在阳光充足处，这样不仅能有效地防止植物徒长，而且可以欣赏会变色多肉的色彩变化，更增趣味。

2. 用注水器直接将水注于土壤表面，避免水珠残留在叶片上造成叶伤。

4. 在多肉植物的空隙处填充适量的黄金石作为铺面装饰。

5. 接着用橡胶气吹将落在多肉植株上的灰尘清理干净，以保持多肉的美观。

6. 用注水器沿容器边缘及植物空隙处适量注水即可。

# 简约和谐

## 迷你多肉组合

## 操作步骤

1. 准备好多肉植物和容器。先在容器底部的
小孔上铺置一块铁丝网，以防止漏土。

2. 向容器中放入调配好的培养土，至容器
的九分满处即可。

3. 将多肉植物植入容器的土壤中，如不方便
可以用镊子辅助操作。

## 创意灵感

此作品致力于表现一种简约、和谐的美。在每一个规则、简单的容器中种上一两株多肉，简约而又不失风趣。相似的容器和植物造型，也体现了这个迷你多肉组合的和谐美。

## 栽培与TIPS

| [ 材料 ] | [ 工具 ] |
| --- | --- |
| 培养土 | 镊子 |
| 黄金石 | 注水器 |
| 铁丝网 | 橡胶气吹 |

 **TIPS 1** 可挑选有一定高度的品种，如玉吊钟，颇有小树苗的意味。

 **TIPS 2** 建议选择外形相似的多肉，以体现出组合的和谐美。

## 品种搭配与养护

玉吊钟

天狗之舞

花月锦

花月

[ 养护 ]

1. 玉吊钟如果放在遮阴处，茎叶极易徒长，节间不紧凑且叶片暗淡无光，建议放置在阳光充足处。
2. 花月在养护过程中需要经常修剪，以保持优美的株型。

4. 在植物根系部周围的土壤上填充黄金石作铺面装饰。

5. 用镊子将黄金石铺置均匀后，即可用橡胶气吹清掉多肉上的灰尘。

6. 给多肉适当补充水分，再用同样的方法将另外两个容器内的多肉种植好即可。

老物新用

旧铁坛的新生

## 操作步骤

1. 准备好工具、容器和多肉。容器底部有个小孔，多多少少会漏土，可以放置一块铁丝网防止漏土。

2. 接着在铁丝网上铺设一层陶粒，然后将准备好的培养土放入容器中至容器的九分满处。

3. 用铲子挖坑，将多肉植物依次小心地植入容器中。

## 创意灵感

家中的旧铁坛，已经锈迹斑斑，不再光鲜亮丽，失去了原有的颜色，但仍然不舍得丢弃。用点创意心思，把不适合再用的旧铁坛种上美丽的多肉植物，为褪色的旧物添上新色彩，使其重获新生。

## 栽培与TIPS

[ 材料 ]                    [ 工具 ]

陶粒                        铲子

培养土                      注水器

铁丝网                      橡胶气吹

**TIPS 1** 多肉选择上，可以以色彩较为明亮、鲜绿的品种为主。

**TIPS 2** 多肉高低不同的姿态更能增添盆栽的动态感和生命力。

## 品种搭配与养护

笹之雪　　九轮塔　　白帝　　条纹十二卷

寿　　　不夜城　　绫锦　　芦荟

[ 养护 ]

1. 放于通风明亮处，约每两周给水一次，每次给水量约占容器内整体介质的1/5。
2. 绫锦等芦荟属的植物易生须根，在日常养护中要注意及时修剪。

4.用发泡炼石填充植物间的空隙和容器边缘的裸露位置，作为铺面装饰。

5.用铲子将铺面材料调整均匀后，即可用橡胶气吹清理落在多肉植株上的灰尘。

6.最后用注水器小心地给多肉补充水分，使土壤微湿润即可。

# 扮靓你的窗台

**多肉创意盆景**

## 操作步骤

1. 准备多肉与容器。容器底部有便于通气和排水的小孔，可以先在小孔上放置一块铁丝网防止漏土。

2. 先在容器底部放入适量的陶粒，然后放入培养土至容器的九分满处。

3. 用铲子辅助操作，依次将多肉植物植入容器中。

## 创意灵感

复古独特的素陶盆被选为花盆，本身就很有创意，再搭配上绿色可爱的多肉，多肉的美丽和独特气质被彰显得淋漓尽致，将此创意盆景摆放在窗台上，自然靓丽，别有一番风味。

## 栽培与TIPS

| [ 材料 ] | [ 工具 ] |
| --- | --- |
| 陶粒 | 铲子 |
| 培养土 | 注水器 |
| 黄金石 | 橡胶气吹 |
| 铁丝网 | |

**TIPS 1** 建议选用绿色的多肉植物与古朴的容器搭配。

**TIPS 2** 层次错落的组合搭配更能体现出作品的美感。

## 品种搭配与养护

 白鸟    子宝   鹰爪    黄丽

 水晶宝草    若歌诗    若绿    波头

 鸾凤玉    翡翠柱

[ 养护 ]

1. 由于多肉种植得比较拥挤，在浇水时，应使用细管浇注，避免直接浇在叶片上造成水伤。

2. 放于通风明亮处，每两周给水一次，每次给水量约占整体介质的1/5。

4. 沿容器的边缘和多肉植物的空隙处填充适量的黄金石作铺面装饰。

5. 接着用橡胶气吹将落在多肉植株上的灰尘清理干净，以保持多肉的美观。

6. 最后用注水器给多肉及土壤补充适量的水分即可。

# 缤纷热闹

## 景天科多肉王国

## 操作步骤

1. 准备多肉与容器。用一小块铁丝网将容器底部用来透气、排水的小孔覆盖住，避免土壤外漏。

2. 容器内先铺置一层陶粒垫底，然后放入准备好的培养土，高度至容器的九分满处。

3. 用铲子挖坑，将株型较大的银波锦先植入容器中，然后依次将其他多肉种植好。

## 创意灵感

景天科多肉的色彩和美丽是不可匹敌、最为迷人的，将它们组合在一起，植株较小的多肉聚集在高大的银波锦周围，宛若一个多肉王国，造型独特、色彩缤纷，让人们都想拥有它的统治权。

## 栽培与TIPS

[ 材料 ]

陶粒
培养土
黄金石
铁丝网

[ 工具 ]

铲子
注水器
橡胶气吹

**TIPS 1** 品种建议以色彩艳丽的景天科多肉为主。

**TIPS 2** 容器后方以高耸的银波锦作背景，盆栽整体会更有立体感。

## 品种搭配与养护

蓝石莲

大和锦

八千代

清盛锦

虹之玉

白牡丹

姬莲

姬胧月

银波锦

[ 养护 ]

1. 景天科多肉植物光照不足易徒长，建议放置在阳光充足处。叶片会变色的多肉，阳光越充足，色彩才会越鲜艳。

2. 置于通风明亮处，约两周给水一次，每次给水量约占整体介质的1/5。

4. 在容器边缘的土壤裸露处填充适量的黄金石作为铺面装饰。

5. 用铲子将填充的黄金石调整均匀后，再用橡胶气吹吹去落在植株上的灰尘。

6. 用注水器沿容器边缘适量注水，使土壤微湿润即可。

# 个性十足

## 仙人掌植物园

**操作步骤**

1. 准备多肉与容器。先用一块较大的铁丝网铺盖住容器底部的孔洞，防止土壤外漏。

2. 先在铁丝网上铺置一层陶粒垫底，然后放入准备好的培养土至容器的九分满处。

3. 用带有厚手套的手拿捏多肉，另一只手持铲子挖坑，将植物依次小心植入容器中。

## 创意灵感

品种多样的仙人掌，如细长的幻乐、圆润的月世界及带刺的瑞云等，能营造出色彩缤纷、个性十足的仙人掌植物园的景象。再配上一些有岩石风格的石头，就像仙人掌的原生地一样，效果更佳。

## 栽培与TIPS

| [材料] | [工具] |
| --- | --- |
| 陶粒 | 铲子 |
| 培养土 | 注水器 |
| 珍珠岩 | 橡胶气吹 |
| 铁丝网 | |

**TIPS 1** 建议选用不同色彩的仙人掌植物营造多彩缤纷的气氛。

**TIPS 2** 长、圆不一的品种更有利于展示仙人掌的个性美。

## 品种搭配与养护

新天地   金琥   高砂  黄雪光

白云锦   老乐柱   幻乐   月世界

绯绣玉   瑞云   白玉兔

[养护]

1. 对闷热抵抗力较差的多肉品种，植株之间应腾出一定的空间，以保持良好的通风环境。

2. 仙人掌植物非常耐干旱，因此，浇水要适量，不能过多。

4. 沿容器的边缘和多肉植物的空隙处填充适量的珍珠岩作铺面装饰。

5. 用铲子将珍珠岩翻置匀整后，再用橡胶气吹清理多肉上的灰尘，保持清洁干净。

6. 用注水器适量给多肉补充水分，使土壤微湿润即可。

# 清澈萌茁

## 白色陶瓷组合

## 操作步骤

1. 准备容器和多肉。可以用多个容器制作一
   个盆栽组合，白色陶瓷器是不错的选择。

2. 先在容器中放入培养土，大约至容器高
   度的九分满处即可。

3. 然后用镊子将生石花依次小心地植入容器
   中，种满整个容器。

## 创意灵感

生石花是一种"有生命的石头"，美丽可爱，选用白色的陶瓷器与之搭配，能清晰地凸显出生石花的细致色泽与特有的微妙花纹，这些白色的陶瓷组合在一起，清澈萌茁又充满情趣。

## 栽培与TIPS

[材料]

培养土

[工具]

镊子
注水器
橡胶气吹

**TIPS 1** 建议重复利用生石花原本的介质植入新容器，以免难照顾的生石花因环境变化大而死亡。

**TIPS 2** 每一个容器中建议搭配不同种类的生石花。

## 品种搭配与养护

生石花

[养护]

1. 土壤透气性不好、通风不良会使植株腐烂，适合在通风良好的环境中养护。
2. 光照不足，会使植株徒长，顶端的花纹不明显，而且难以开花，所以应给予充足的光照。

4. 重复步骤2和步骤3，将其他容器内的生石花也种植好。

5. 然后即可用橡胶气吹依次吹去生石花上的灰尘，保持清洁美观。

6. 用注水器沿生石花的空隙处小心补充水分即可。

# 徜徉绿意

**养眼多肉盆景**

## 操作步骤

1. 准备好多肉植物和盆器。先用电钻分别在两个盆器底下正中处各钻一个小洞，以便于日后的排水。

2. 然后用一张与盆器底部差不多大小的铁丝网平铺于小洞之上。

3. 接着放入适量的小碎石和沙土，至盆器的九分满处。

## 创意灵感

绿色的多肉本身就给人一种青翠的感觉，再搭配上颜色相近的绿色盆器，那种沁人心脾的绿意更加浓烈。工作之余，在欣赏美景的同时，又益于眼部健康，何乐而不为呢？

## 栽培与TIPS

| [ 材料 ] | [ 工具 ] |
| --- | --- |
| 小碎石 | 铲子 |
| 铁丝网 | 注水器 |
| 陶粒、沙土 | |

**TIPS 1** 建议在盆器中间将多肉紧凑种植，建立视觉焦点。

**TIPS 2** 多肉的色彩与盆器的颜色趋向统一，视觉冲击力更强。

## 品种搭配与养护

条纹十二卷

棒花芦荟

千佛手

[ 养护 ]

1. 条纹十二卷以半日照环境为佳。烈日高温照射易导致叶片呈红褐色，且尾端萎缩焦枯，降低观赏价值。

2. 用注水器适度浇水，让水自然排出盆器即可。

4. 从盆器中间开始，用铲子依次将多肉植入盆器。

5. 以发泡炼石铺面，并用注水器注水，保持土壤湿润。

6. 按照以上5个步骤将另一盆多肉种植好即可。

# 自然手感

## 多肉壁挂花环

## 操作步骤

1. 准备一个用铁丝制成的花环基底，将水苔拧干之后塞入花环基底的空隙处，并留出些许空间用来摆入植物。

2. 对部分多肉的根系和靠近根系部的分枝进行疏剪整理，以方便将其固定在花环上。

3. 截取一段铝线，用铝线穿过植物，并对折两次，使其与多肉根部固定在一起。

## 创意灵感

从花环基座开始，层层堆砌手感线条、植入姿态各异的多肉，编织一个新鲜专属的多肉花环。吊挂起来欣赏，其色彩明亮柔和，外形丰盈饱满，极具美感，让人爱不释手。

## 栽培与TIPS

[材料]

铁丝
铝线
水苔

[工具]

镊子
剪刀

**TIPS 1** 多肉在植入花环前需要除土疏剪，不建议用水冲洗，应保持根部干燥。

**TIPS 2** 水苔有天然杀菌效果，全干后再吸水不易，略干便应补水。

## 品种搭配与养护

| 黄丽 | 虹之玉 | 观音莲 | 大和锦 |
|---|---|---|---|
|  |  |  |  |
| 银星 | 青星美人 | 黑王子 | 吉娃莲 |
|  |  |  |  |
| 清盛锦 | 绿之铃 | 花月夜 | 雪莲 |
|  |  |  |  |

[养护]

植物交替可能导致腐烂和花环走样的问题，应勤于清理腐烂植物，补充健康植株。给水时需将花环取下，平放吸水，让水苔水润即可。

4. 将已用铝线固定的多肉穿过花环基底，然后在基底背后扭转固定。

5. 按此方法，依次将多肉固定在花环上，较小的多肉可用镊子辅助塞入。

6. 用镊子在花环的空隙处塞入水苔，确保植物嵌套稳固即可。

# 小巧可爱

## 仙人掌多肉组合

## 操作步骤

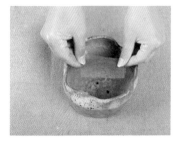

1. 先用电钻在容器底部钻两个小孔，以便于排水。然后在小孔上覆盖一小块铁丝网，铁丝网的大小与容器底座大小相当。

2. 在容器底放入一层陶粒，以刚好将铁丝网全部覆盖为最佳状态。

3. 然后再放入准备好的沙土壤至容器的九分满处。

## 创意灵感

将两个很不起眼的盆器放在一起，各植入一种仙人掌科多肉。红小町身材高大，布满红色针刺，招人喜爱；白鸟娇小动人，群生在一起引人入胜。将它们摆放在一起能欣赏到仙人掌的多样美。

## 栽培与TIPS

| [材料] | [工具] |
| --- | --- |
| 沙土 | 铲子 |
| 陶粒 | 注水器 |
| 发泡炼石 | 厚手套 |

 白鸟体型较小，刺短而软，种植时须小心，避免将刺压弯或折断，影响美观。

 建议将红小町种植在盆器的中间，视觉效果较好。

## 品种搭配与养护

红小町

白鸟

[ 养护 ]

1. 白鸟生长期很短，夏季高温容易引起腐烂，应适当遮阴。

2. 红小町喜阳光充足，但夏季需稍遮阴，生长期间保持盆土湿润，每4~6周施1次稀薄饼肥水。

4. 用带有厚手套的手拿住多肉，另一只手用铲子挖坑，将多肉植入容器。

5. 然后以发泡炼石铺面（围绕多肉均匀地铺置一圈，使作品更加美观）。

6. 用同样的方法步骤将另一容器内的多肉种植好即可。

# 趣味竹篓

### 富有创意的多肉家园

## 操作步骤

1. 在竹篓隔开的一半里铺置一层塑料布，高度与竹篓的口沿基本持平，并用缝衣线将其固定在竹篓上。

2. 在铺有塑料布的竹篓底放入陶粒，高度大约是竹篓深度的1/4。

3. 接着放入准备好的沙土，高度至容器的九分满处。

## 创意灵感

将竹篓的一半铺上塑料布，就成了多肉植物温馨的家园。各式各样的多肉像是从竹篓的缝隙中长出一样。留不住水分的竹篓，现在却生出了艳丽的多肉，新奇、充满活力。

## 栽培与TIPS

| [ 材料 ] | [ 工具 ] |
| --- | --- |
| 铝线 | 镊子 |
| 沙土 | 铲子 |
| 缝衣线 | |

 **TIPS 1** 由于空间相对较小，建议以中小型多肉为主。

 **TIPS 2** 塑料布必须用缝衣线固定，防止其滑落后漏土。

## 品种搭配与养护

| 黄丽 | 火祭 | 高砂之翁 | 蓝松 |
| --- | --- | --- | --- |
|  |  |  |  |

| 清盛锦 | 初恋 | 球松 | 月兔耳 |
| --- | --- | --- | --- |
|  |  |  |  |

[ 养护 ]

1. 竹篓底部铺有塑料布，无排水孔，因此少量给水即可。若不小心浇水过多，建议将水倾倒出来。

2. 由于植物多空间小，建议放置在通风明亮处，保持充足光照。

4.先确定好多肉的种植位置，然后将多肉植物依次小心地植入容器。

5. 用铝线将没有根茎的多肉植物固定在竹篓上，避免掉落。

6. 给多肉植物补充一定的水分即可。

# 珍奇满载

### 典藏多肉木箱

## 操作步骤

1. 准备好多肉与容器。先在木箱底部铺上一层棉布，以避免木头直接接触水分而加剧其腐蚀程度。

2. 然后将发泡炼石放置在棉布上，高度大约为木箱高度的1/3。

3. 接着，放入准备好的沙土，至容器的九分满处。

## 创意灵感

自制的小木箱除了放置小物外，还可以搭配多肉。以棉布垫底，放入可爱的多肉组合，满溢而出的鲜艳感，使木箱成了家中的装置艺术品。随着时间的推移，变色的木头更为多肉增添风情。

## 栽培与TIPS

[材料]　　　　　[工具]

沙土　　　　　铲子

黄金石　　　　镊子

发泡炼石

 为了呈现高低错落之美，后半部可种植有高度的多肉，如黑法师等。

 棉布可作为减缓木头腐蚀速度的缓冲物。

## 品种搭配与养护

黑法师　　红卷绢　　火祭　　红彩云阁

霜之朝　　紫弦月　　观音莲

[养护]

1. 黑法师日照不需要太多，因叶片本身容易变黑，所以在吸收热量上要多于其他多肉植物，日照过多会导致叶片变软。

2. 多肉如果有开花的情形，建议将花朵去除，以免被抢走养分，造成叶片干枯。

4.用铲子依次将多肉植物种入木箱，以前低后高的模式来布置摆放。

5.用镊子做辅助，将较长的弦月种植在木箱较空的一侧边上。

6.最后以黄金石填补空隙处，使植物嵌套稳固即可。

# 自然美感

## 竹筐变身多肉花园

## 操作步骤

1. 准备好多肉与容器。先在容器底部铺置一层陶粒，高度约为容器高度的1/3处，以便于容器排水。

2. 然后放入草炭土或腐叶土等培养土，约至容器的九分满处。

3. 接着，依次将准备好的多肉植物植入容器中，可用铲子等工具辅助操作。

## 创意灵感

用竹子制成的竹筐，具有良好的透气性和排水功能，很适合种植多肉。姿态各异、色彩缤纷的多肉与竹筐融为一体，酷似一个小型的多肉花园，清新自然而又不失美感。

## 栽培与TIPS

| [ 材料 ] | [ 工具 ] |
|---|---|
| 陶粒 | 铲子 |
| 培养土 | 注水器 |
| 黄金石 | 橡胶气吹 |

 **TIPS 1** 为了方便种植和美观，宜先将植株较高的白牡丹植入容器边角处。

 **TIPS 2** 建议以株型美观的莲座状植物为主来营造花园的效果。

## 品种搭配与养护

| 白牡丹 | 屋卷绢 | 吉娃莲 | 姬莲 |
|---|---|---|---|
|  |  |  |  |
| 观音莲 | 大和锦 | 乙女心 | 月影 |
|  |  |  |  |

[ 养护 ]

1. 莲座状多肉如白牡丹、吉娃莲等，光照不足易徒长，影响美观，因此应保持充足的光照。

2. 竹筐有自然排水的功能，可于盆土彻底干燥后充分浇水。

4.以小型黄金石铺面，增强观赏性，尤其植物之间的缝隙处应填充稳固。

5. 然后用橡胶气吹将落于植物上的灰尘清理干净。

6. 最后沿着容器的边缘或是植物间的间隙处用注水器适量注水即可。

# 质朴典雅

## 厚重的多肉石槽

## 操作步骤

1. 准备好多肉与容器。先在容器底部放置一块铁丝网，铁丝网的大小应尽量保持与容器底部的大小相当。

2. 然后放入约容器高度一半的蛭石，并放入培养土至容器的九分满处。

3. 接着，用铲子依次将多肉植物植入容器中，较小的植物可以用镊子辅助操作。

## 创意灵感

笨重的石槽本不惹人喜爱，但让多肉居于其中，则会有另一番景象。绚丽多姿的肉肉植物与质朴青涩的石槽搭配，将轻灵与厚重、典雅与古朴展现得淋漓尽致，快来欣赏吧。

## 栽培与TIPS

[材料]

陶粒
培养土
黄金石

[工具]

铲子
镊子
注水器

 容器色调较为古朴，建议选用艳丽的多肉来增加色彩效果。

 江户紫株型较大，建议栽植在容器一侧。

## 品种搭配与养护

| 江户紫 | 吉娃莲 | 霜之朝 | 黑王子 |

| 姬胧月 | 黄丽 | 露娜莲 |

[养护]

1. 把握"不干不浇"的原则，避免因土壤长期积水导致植物根系腐烂，影响植株健康生长。

2. 莲座状植物如吉娃莲等光照不足易徒长，建议放置在阳光充足处。

4. 以小型黄金石铺面装饰，并用镊子将其置平整。

5. 植物种好后，可用橡胶气吹将栽培时落于植株上的灰尘清理掉，以保持洁净美观。

6. 最后沿着容器的边缘或植物间的间隙用注水器适量注水即可。

# 色彩缤纷

## 素陶莲花池

## 操作步骤

1. 准备好多肉与容器。先在容器底部放置一块铁丝网，铁丝网的大小应尽量保持与容器底部的大小相当。

2. 将陶粒与培养土混合后置入容器，约至容器的九分满处。

3. 接着，用铲子和镊子辅助，从容器一侧开始，依次将植物植入容器中。

## 创意灵感

创造性地将素烧陶容器与莲座状景天科多肉相结合，醇厚温润的素陶色调，和缓地衬托着盆器中各具特色的景天科多肉。将其放于阳光充足处，叶片变色，犹如色彩缤纷的莲花池一样美丽。

## 栽培与TIPS

| [材料] | [工具] |
|---|---|
| 陶粒 | 铲子、镊子 |
| 培养土 | 注水器 |
| 黄金石 | 橡胶气吹 |

 方形容器需选取植株造型较为美丽的多肉来衬托。

 不同色调的莲座状植物搭配更有视觉效果。

## 品种搭配与养护

初恋 　　吉娃莲 　　花月夜 　　姬秋丽

蓝石莲 　　黄丽 　　露娜莲

[养护]

1. 莲座形植物如吉娃莲等光照不足易徒长，建议放置在阳光充足处，或用断水法抑制其生长。
2. 置于室内明亮通风处养护，约2周给水1次。

4. 用黄金石作铺面装饰，以增强土壤的透气性能。

5. 用橡胶气吹将植株上的灰尘清理干净，以保持植株的美观。

6. 用注水器给多肉适量注入水分，使土壤微湿润即可。

# 沙漠小精灵

## 浓缩的塞外美景

## 操作步骤

1. 准备好多肉与容器。在容器底部放置少量的陶粒，其高度约为整个容器高度的三分之一左右。

2. 然后在陶粒上放入准备好的培养土，高度约至容器的九分满处。

3. 用铲子挖坑，将仙人掌植物按顺序依次植入土壤中。

## 创意灵感

老旧的素陶盆除了放置小物外，其灰白的色泽配上长满黄白色茸毛的多肉，就变成阳台上随意摆放都好看的装置艺术品了。使你不去遥远的沙漠，也可感受到沙漠小精灵的塞外风情。

## 栽培与TIPS

| [材料] | [工具] |
|---|---|
| 陶粒 | 铲子 |
| 培养土 | 注水器 |
| 珍珠岩 | 橡胶气吹 |

 放置沙土前应在盆底铺一层陶粒，以增强排水性和通气性。

 建议选用形态各异的仙人掌植物来增强层次感和视觉效果。

## 品种搭配与养护

| 金琥 | 黄雪光 | 白云锦 | 金晃 |
|---|---|---|---|
|  |  |  |  |

| 绯花玉 | 白玉兔 | 老乐柱 | 弯凤玉 |
|---|---|---|---|
|  |  |  |  |

[养护]

1. 此类植物耐干旱，不能使盆土过湿或积水；喜肥，应定期施肥；另外必须要有充足的光照。

2. 冬季至少应维持不低于5℃的气温，以免出现冻害。

4. 在植物间的空隙处和容器的边缘位置填充珍珠岩，作为铺面装饰。

5. 植物种好后，将在种植过程中沾染在多肉植株上的尘土清理干净。

6. 用注水器沿着容器边缘注水，保持土壤微湿润即可。

# 浓情蜜意

## 温馨的多肉礼物篮

## 操作步骤

1. 准备多肉与容器。先在容器内部用缝衣线固定一块塑料布，高度接近容器的上边缘，以防止土壤外漏，然后放入陶粒。

2. 接着放入准备好的培养土，高度与塑料布的上线持平或略低。

3. 用铲子按先后顺序将多肉植物依次植入容器的土壤中，可用镊子辅助操作。

## 创意灵感

普通的家用竹篮闲置不用，就可以让萌萌的多肉入住其中。你可以将它悬挂起来，欣赏它的美丽多姿，也可以将它转送他人。一个温馨的多肉礼物篮，表达了满满的情意。

## 栽培与TIPS

| [ 材料 ] | [ 工具 ] |
| --- | --- |
| 陶粒 | 铲子 |
| 培养土 | 注水器 |
| 黄金石 | 橡胶气吹 |

 **TIPS 1** 为了方便栽培，建议从四周开始，逐渐向中心植入。

 **TIPS 2** 选用一些匍匐状或是有悬垂效果的植物会使整体感觉更佳。

## 品种搭配与养护

火祭 　虹之玉 　天狗之舞 　瓦松

黑王子 　卷绢锦 　斑叶球兰

[ 养护 ]

在给盆栽浇水时，需用注水器从植物间的缝隙处小心注水，避免水洒到叶面上造成水伤。另外，容器内置有塑料布，因此应少量给水，避免因排水不畅导致植物根系腐烂。

4. 在植物间的空隙处填充黄金石，以使植物相互嵌套稳固。

5. 用镊子做辅助，将较长的多肉种植在木箱较空的一侧边上。

6. 用注水器沿着缝隙处适量注水，保持土壤有一定的湿度。

# 弥足珍贵

## 景天聚宝盆

## 操作步骤

1. 准备多肉与容器。先在容器底部铺置一层陶粒，以增强透气性，数量约占容器总量的四分之一。

2. 接着放入准备好的培养土，高度至容器的九分满处。

3. 依次将多肉植入土壤中，并在空隙处填补黄金石作铺面装饰。

## 创意灵感

普通的盆器种上多肉植物后也能大放光彩。色彩艳丽的景天科多肉植物缤纷绚烂、独一无二，聚集在盆器中，不是珠宝，却胜似珠宝，同样弥足珍贵、光彩照人。

## 栽培与TIPS

| [ 材料 ] | [ 工具 ] |
| --- | --- |
| 陶粒 | 铲子 |
| 培养土 | 注水器 |
| 黄金石 | 橡胶气吹 |

 **TIPS 1** 盆器内不要种植得太满，"留白"的做法更有聚焦效果。

 **TIPS 2** 多肉品种选择上，可以以几株花形色彩艳丽的多肉为主。

## 品种搭配与养护

 蓝石莲    霜之朝    黄丽    千佛手

 吉娃莲    子持莲华    姬秋丽    乙女心

[ 养护 ]

1. 景天科多肉植物如虹之玉等易徒长，建议放置于阳光充足处。
2. 叶子会变色的多肉，阳光越充足，颜色才会越鲜艳。
3. 约两周浇一次水，保持土壤微湿即可。

4. 然后用铲子将黄金石铺置平整，并使植物根系更加稳固。

5. 接着用橡胶气吹将落于多肉植株上的灰尘清理干净。

6. 用注水器向土壤中注入水分，使土壤保持微湿润即可。

# 清新自然

## 竹框吹进多肉风

## 操作步骤

1. 准备多肉与容器。先用缝衣线将塑料布固定在容器的底部及侧面，以避免土壤外漏，并将少量陶粒置于塑料布上。

2. 然后将准备好的培养土放入容器中，至容器高度的九分满处。

3. 用铲子做工具，从容器一侧开始，按顺序依次将多肉植入容器的土壤内。

## 创意灵感

竹筐具有天然的通气性，很适合种植多肉植物。白色的框体与色彩艳丽的多肉组合，在和谐统一中体现着各自独有的特色，多肉风吹进竹筐，一种前所未有的清新自然感油然而生。

## 栽培与TIPS

| [ 材料 ] | [ 工具 ] |
|---|---|
| 陶粒 | 铲子 |
| 培养土 | 注水器 |
| 黄金石 | 橡胶气吹 |

 **TIPS 1** 建议将植物按九宫格的样式进行栽培，视觉效果更佳。

 **TIPS 2** 单一的白色调容器适合搭配颜色较为鲜艳的莲座状多肉。

## 品种搭配与养护

 蓝石莲　 白牡丹　 姬秋丽　 千佛手

 卷绢锦　 八千代　 玉蝶　 花月夜

[ 养护 ]

1. 景天科多肉植物如蓝石莲等易徒长，建议放置于阳光充足处。
2. 容器内置有塑料布，因此应少量多次给水，避免因水量过多、排水不畅导致植物根系腐烂。

4. 接着在空隙处填入黄金石，并用铲子将其铺置平整，作为铺面装饰。

5. 然后可用橡胶气吹将落于多肉植株上的灰尘清理干净。

6. 用注水器沿着多肉空隙处适量补给水分即可。

# 阳台创意景观

## 吊挂的多肉车篮

## 操作步骤

1. 准备好多肉植物与容器，由于多肉植物需要塞入水苔中，所以可先对其根系进行修剪整理，以方便种植。

2. 将水苔放入碗中，并加入适量的水浸泡，让水苔吸水。

3. 待水苔充分吸水后，将水苔取出并挤掉大部分水分，置于干净处待用。

## 创意灵感

自行车的小篮子塞满水苔，种上绿意盎然的多肉植物，就成了美丽的盆景。将其吊挂在阳台上，就可以在欣赏多肉的倾斜与悬垂之美中，尽享这道独具创意的阳台景观。

## 栽培与TIPS

[ 材料 ]      [ 工具 ]

水苔      镊子

     橡胶气吹

 **TIPS 1** 将蔓延而下的绿之铃作为盆器的视觉延伸，跳脱盆器本身的框架。

 **TIPS 2** 此盆栽吊挂起来摆放更有欣赏价值和韵味。

## 品种搭配与养护

姬胧月    花月夜    紫珍珠    火祭

不夜城    玉吊钟    玉缀    珍珠吊兰

[ 养护 ]

1. 景天科多肉植物如蓝石莲等易徒长，建议放置于阳光充足处。

2. 水苔具有良好的蓄水性，长期处于湿润状态容易造成多肉根部腐烂，待水苔彻底干燥后给水最好。

4. 将加工过的水苔放入容器中，至容器的九分满处。

5. 用镊子依次将多肉植物塞入水苔中并固定好，不要使其晃动。

6. 最后用橡胶气吹吹去植物上的灰尘并少量补充水分即可。

# 邂逅

文艺多肉植物志...